遺伝子が 私の才能も病気も 決めているの？

上大岡トメ

幻冬舎

ひどいくせっ毛の
私——
ゆかりちゃんの髪いーなー
サラ サラ サラ
小学生のトメ
自分の毛がとても
イヤ
だった
母親に文句を言った
何で私の髪はくるくるなのー!?
くせっ毛
おかあさんに言われても…
おじいちゃんもおばあちゃんもくせっ毛だったから——
しょうがないでしょ
祖父
祖母
その頃は「遺伝」というコトバは知らなかったけど、これが
その後ストレートパーマを2回かける
全く効かず
ガーンだ…
親からもらった何かは自分では変えることができないと「遺伝」を意識した始まり
数十年後——

義父が認知症で
入院した
面会に行くと
食堂（談話室）
には――
ず～っと外を見ている
おじいさん
昔はバリバリ働いて
従業員を引っ張っていたのかも
ずっと
鼻をほじっている
おばあさん
上品なふるまいで
名をはせていたのかも
過去と現在を行ったり来たりする
人生の先輩方の姿は
私のココロを
ギュッとつかむ
私も数十年後は
ああいう姿に
なるのかな
今のうちに
処分しなくちゃいけない
ものがたくさんある…

若い頃は
外見の遺伝ばかり
気になってたけど
これからはどんな
病気になるのかが
気になる
もう遺伝とかで
決まってるんだろうな…
まあ——
どうなっても
受け入れるしか
ないよね
変えようが
ないもん
がんになっても
認知症になっても
そんなある日
がん検診の結果が
郵送されてきた
え!?
バリウム検査の結果
胃に「影」があるので
要再検査と
十数年検診
受けてて
「異常なし」
だったのに
初めて〜〜〜

そういえば
なんか最近
胃が重いんだよ
なー
ビンビン
そういえば
お酒もおいしく
飲めなく
なってきたし
がん!?
体重も減ったし
ドキドキ
はやく胃カメラ飲んで
白黒はっきりさせよう
でもこわいよー
くよくよ考えるタイプ
しかし 新型コロナウイルスに
関する非常事態宣言が
出て、医療機関では
胃カメラ検査が
のきなみ中止に
2人に1人が
がんになる
時代だもんなー
こうして
いる間
にも
進行して
いく～
近い
家族に
がん患者は
いないんだけど
なー
メンタル崩壊
ネガティブ
思考は
母親
ゆずり
がんは
遺伝だよね?
ピロリ菌
検査しとく
べきだった
今から
がん保険に
入ろうかな…
入れるかな…
もし
検査でクロでも
今は治療して
もらえないだろう
なぁ…
コロナ禍
だし
もんもんとした
1カ月を過ごし——

やっと
胃カメラ検査――
大丈夫
異常ないですよ
あなた
10年前に
ピロリ菌の検査
してるよ
いないから
よかった〜
ピロリ菌のこと
すっかり忘れてたけど
胃がんは大丈夫
だったけど
他の病気が気になるっ
以前から気になっていた
市販の「遺伝子検査」を
受けてみることにした
キットについてる
容器にだ液を
入れて――
じゅる〜
ポストに投函
数週間後
検査結果が出た
というメール
ドキドキ
来たっ!!
ドキドキ
こわいよー
何が
わかるんだ…?
死期も死因も
わかっちゃう??
恐る恐る
結果を見る…

それで
どうだったの?
アンさん
好奇心旺盛な83歳
元医師なだけに知識が豊富
趣味はマージャン
トメの近所でひとり暮らし
それが意を決して
見たんですけど…
もやもや??
「加齢による
脳力"への
影響」は標準判定
認知症のこと?
標準って??
もや
他に「高い傾向」「低い傾向」判定
がんは
食道がん
標準
胆嚢がん
標準
膵臓がん
高い傾向
肺がん(肺腺がん)
標準
肺がん(扁平上皮がん)
高い傾向
高い傾向のものは注意しつつ
がん検診を続ければいいの?

「長寿」は標準でした平均寿命ってこと？
？？？
何かもやもやしてるみたいだけどどんな結果を期待してたの？
「あなたは前向きな志向です」とか「打たれ強いです」とか
自分の知らない能力を遺伝子に教えて欲しかった
くすくす
まるで占いかおみくじね
あっでも納得できるものもありました
アルコール代謝高い傾向
耳垢タイプ乾燥型
当たってる!!
遺伝子って私たちの運命を握ってるんでしょうか？
自分ではコントロールできないから逆らえない気がする
「遺伝」と言われたら「あきらめろ」と言われてるみたい
私のくせっ毛もみたいにっ、

2003年にヒトゲノムが解読されたのよ
DNAや遺伝子に関する研究がすごく進んでるからこれからいろんなことがわかるかもねー
「ゲノム」「DNA」「遺伝子」ってどう違うんだろう
数日後――
アンさんからだ
急に出かけることになって孫が来ることになって――いるのでうちのカギを開けてあげてください。ハナの散歩もよろしく!
アンさんの孫?初耳だ…
カラカラカラ
ハナー 散歩に行くよ
ハナ
アンさんちの犬
14歳

念のためアンさんちの
カギを持っている

そういえば感染症にかかりづらいっていう遺伝子の項目もあったな
コロナにかかりづらい遺伝子もあるのかな…
ハナ⁉
そのコハナじゃないですか？

え!?
誰!?

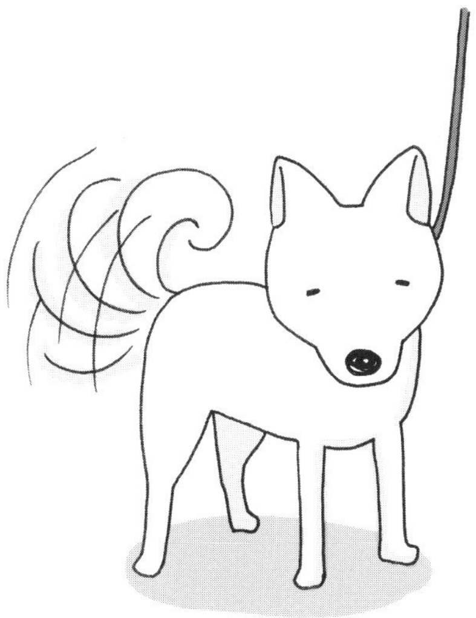

目次

プロローグ　1

第1章　「わたし」を生かす小さきものたち　15

免疫力を上げるって？　16
2種類の免疫、自然免疫と獲得免疫　24
白血球のなかの免疫細胞たち　32
免疫細胞が生まれる場所　34
免疫は暴走する！　42
毎日働き続ける、小さきたくさんのもの　52

第2章　遺伝する病気としない病気　63

がんって遺伝じゃないの？　64

認知症は遺伝するの？ 72
生活習慣病も遺伝するの？ 80

第3章 才能も性格も、努力はムダじゃない 87

双子と遺伝子 88
遺伝子の働きは後天的に変わる？ 96
遺伝子は「持っている」ではなく「働いている」がポイント 104
双子が違う環境で育ったら 112

第4章 遺伝子はわたしたちを応援してくれる 127

ウイルスが遺伝子に組み込まれて進化する 128
次世代に伝わる人類全体の記憶 136
生きているだけで誰かとつながっている 144

エピローグ 156

あとがき 162
先生の紹介 164
主要参考文献 166

登　場　人　物

上大岡トメ

1965年生まれ　イラストレーター
既往歴　48歳から喘息に
趣味　ヨガ、バレエ
身長　164㎝
体重　約48㎏

1.

「わたし」を生かす小さきものたち

免疫力を上げるって？

大学院で働いてるんだ
…はい…
分子生物学の大学院です
……
ルカといいます
アンさんからのメール
ギリギリだった…
入れ違いにならなくてよかった
なでなで
13年前に会ったときはまだ仔犬だったけど
すぐ…ハナってわかりました
アンさんの家――
「アンさん」って呼ぶんだ
…
ゴロン

……
しーん…
…
オオカミの頭がい骨のレプリカ
えーと…
口数が少ないねー
大学院ではどんな研究
あ!!
体温が低そう

DNAの模型!!
まだあったんだ!!
…
ちょっと体温が上がった?
昔からあるの? それ
コポコポ
はい… コドモ心にすごくキレイだなぁと思って——
DNAっていうのよ
みんなの中にももれなくあるの

接着剤でつないだ跡…
…
私　大学院で遺伝子の研究をしているんです
遺伝子!!
じゃあこの間アンさんが言ってた
2003年にヒトゲノムが解読されたのよ
とかに詳しいのかな
はい　どうぞ免疫力が上がるルイボスティー
…
免疫力…
免疫力って
じーーっ

具体的に
どんなものか
説明できますか？
え!?
今、
言いましたよね
えーと…
いきなり
質問
か…
体力みたいなもの？
エネルギーみたいなヤツ
免疫力が上がると
抵抗力も上がる——とか…
ぼんやりしたイメージ
…
免疫力
世の中に
「免疫力を上げる」
モノはたくさん
出回ってるけど——
免疫力を上げる食べもの
免疫力を上げる運動
今はみんなに
もてはやされてるし…
免疫力を上げるために浴槽に入る
緑茶
でもわかっている人は
どのくらい
いるんでしょう…？
……

免疫とは
自分じゃないもの
つまり
病原体やそれに
感染した細胞を
殺したり
無害化する
しくみのこと
カラダは
約37兆個
約200種類の
細胞でできています
その中の
「免疫細胞」と
呼ばれる細胞たちの
働きがしくみを
作っています
私たちのカラダは
たとえるなら——

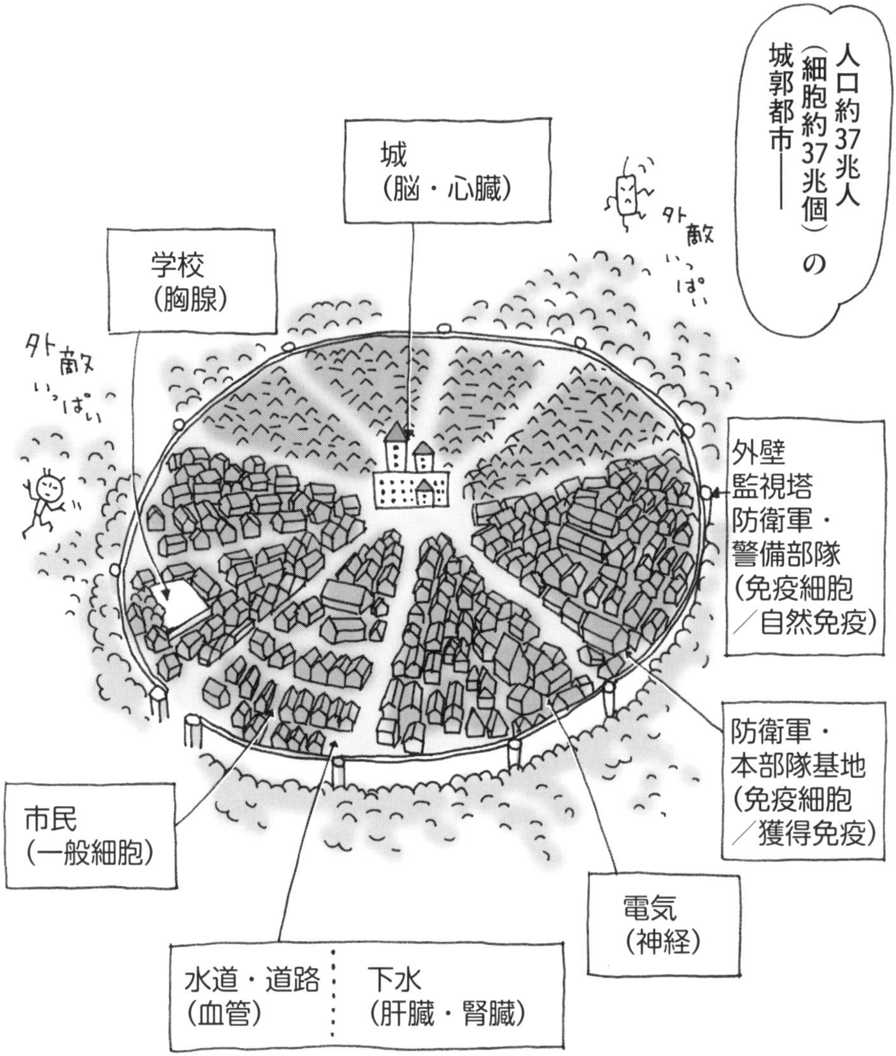

平和を長く維持（寿命を健康にまっとう）するために
約 200 種類の細胞が 24 時間働いている

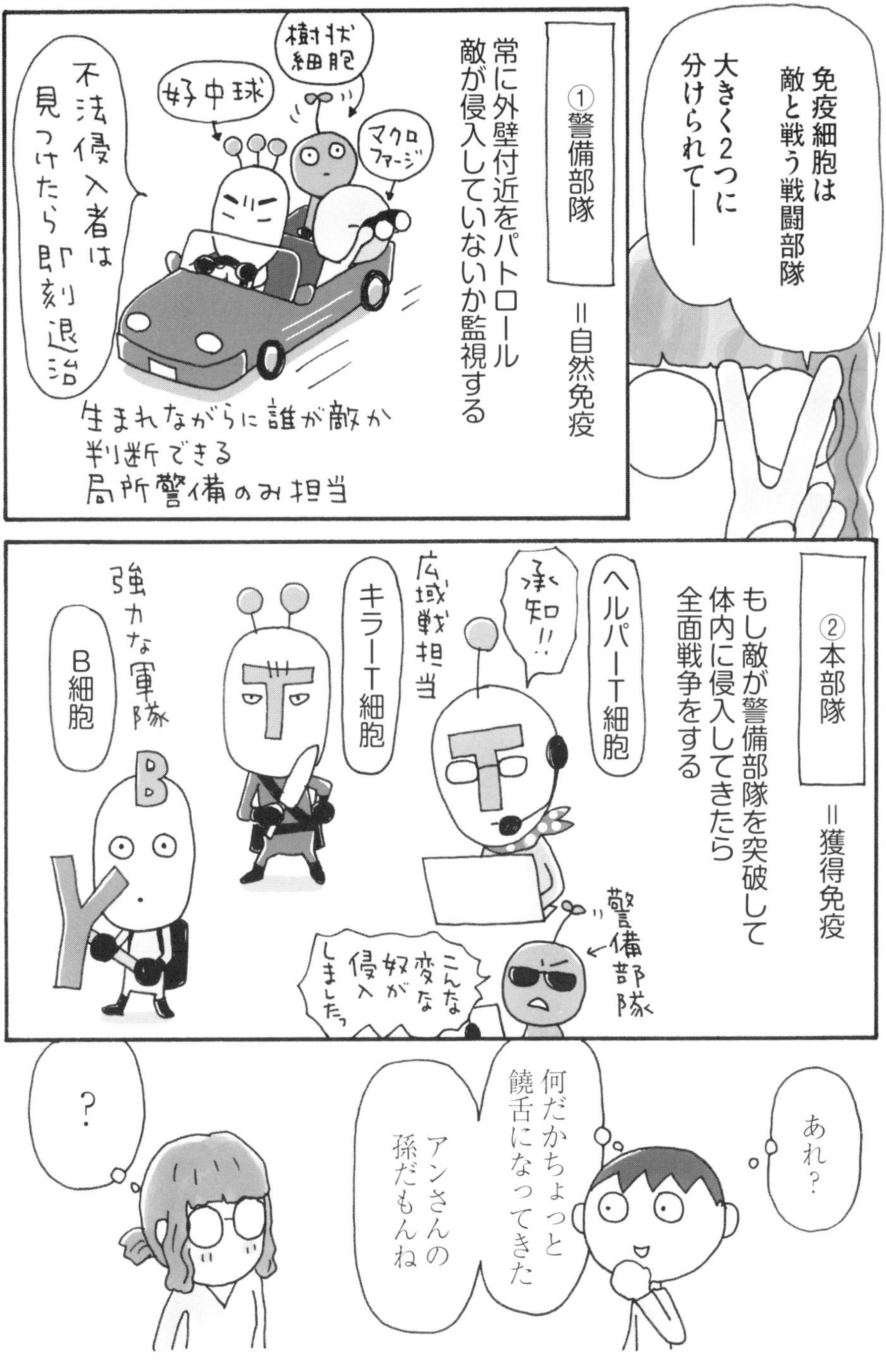
免疫細胞は敵と戦う戦闘部隊
大きく2つに分けられて――
①警備部隊
＝自然免疫
常に外壁付近をパトロール 敵が侵入していないか監視する
樹状細胞
マクロファージ
好中球
不法侵入者は見つけたら即刻退治
生まれながらに誰が敵か判断できる 局所警備のみ担当
②本部隊
＝獲得免疫
もし敵が警備部隊を突破して体内に侵入してきたら全面戦争をする
ヘルパーT細胞
承知!!
広域戦担当
キラーT細胞
強力な軍隊
B細胞
警備部隊
こんな変な奴が侵入しましたっ
あれ?
何だかちょっと饒舌になってきた
アンさんの孫だもんね
?

2種類の免疫、自然免疫と獲得免疫

戦闘!!
ウリャッ
ポカ
ポカ
ヒデブ
トゥッ
そして――
ガッガッ
バクバク
食べる!!
ガッガッ
食べちゃうんだ…
その後傷は血小板の働きでかさぶたができてふさがれ
治っていく
これが自然免疫
あたり前と思ってるでしょうが細胞が働いています
ところが――
強敵登場!!
新型ウイルスだっ!!
どろろ〜〜
インフルエンザとか新型コロナとかか…

強《つえ》え〜!!
ちくしょ〜
手におえないと――
ばっ
樹状細胞
伝令
本部隊基地　リンパ球へ
樹状細胞だっ 自然免疫だけでは防ぎきれないっ!!
開けてくれー
ヘルパーT細胞
メインエントランス映像
ばたん!
大丈夫かっ!?
病原体《ウイルス》（抗原）のデータはこれだ…
樹状細胞がヘルパーT細胞に「抗原提示」をする
わかった!! オレたちが行くまで何とか持ちこたえてくれ!!
それを受け取ったヘルパーT細胞は、細胞のデータが保管されたリファレンスへ

リファレンス
受け取ったデータを基に
この抗原と戦えそうな
キラーT細胞とB細胞を
ここで探す
急げ
急げ!!
カタカタカタカタカタカタカタカタ
B細胞
キラーT細胞
我々のカラダには
キラーT細胞・B細胞とも
あらかじめたくさんの
種類が用意されていて
その中から選ぶんです
そして選ばれたのが
この2体
キラーT細胞
やったるぜ!
NO.24989
B細胞
NO.74135
数字はテキトーです
ここからさらに進化して
細胞分裂し
大増員!!
さあ
現場へ
わらわら
わらわら
いそげっ

そして――
いざ！出撃!!
攻撃するキラーT細胞
抗体を作るB細胞
ドゥッ
ドゥッ
ドゥッ
ドゥッ
←で飛び道具の抗体
抗原を撃退!!
ひでぶ
その後一部のB細胞とキラーT細胞を記憶細胞として残して攻撃部隊を縮小
お疲れ～
一部待機～
ゾロゾロ

そうすれば 次に同じ
抗原が来たときに
B
あっ
履歴アリ
あいつ
また来たっ!!
効率よく戦え
ビェ
この抗体だ!!
くらえっ!!
B
ドウッ
二度とその病気に
かかることはない
これが
「獲得免疫」
です
これを利用
したのが
ワクチン
ワクチンは
あらかじめウイルスを
弱毒化したもの、もしくは
感染能力を失わせたものを
カラダに投与
生ワクチン
弱毒化
不活化
ワクチン
バラバラに
カラダの中で
抗体を作る
ただし抗体は
ひとつの抗原だけを
選択的に識別します
例えば
オタフク
ウイルス
オタフクの
抗体
はしか
ウイルス
はしかの
抗体
ゾゾゾ
はしかの
抗体
ガン
無視
ゾゾゾ
オタフクの
抗体
ガン
無視
だから抗体にはたくさんの種類が必要

うわー
抗体をたくさん
作るってことは
資源もそれなりに
必要ってことだよね
そうです
私たちカラダの
持ち主は
彼らのサポートを
しなくては
なりません
私たちが
できることは
何だと思いますか？
!!
これだ!!
養生4本柱！
睡眠
12時前にベッドへ
最低6時間～7時間半
食事
旬のものをバランスよく
腹8分目
運動
適度な量を習慣化
感情
過度なストレスを避ける
正解
ドーン
これらは
当たり前すぎて
もはやそんなに
神通力も
ありませんが――
知っているとやっているじゃ
大違い
返すコトバがございません

ライフライン（血管・肝臓・腎臓）の維持と管理も重要です
それには高血圧・脂質異常・糖尿病・肥満は避けたい
さらさらよどみのない血管
渋滞しない道路
細胞に栄養と酸素を届ける
それにはやっぱりこの**4本柱**がマストなんです
細胞たちが自分の持っている力を存分に発揮でき、イキイキと働ける職場（体内）作りをする
それが「免疫力を上げる」ということなのだ
ひとつ質問
どうぞ
免疫細胞特にT細胞は
どうやって**自分**と**他者**を見分けられるの？

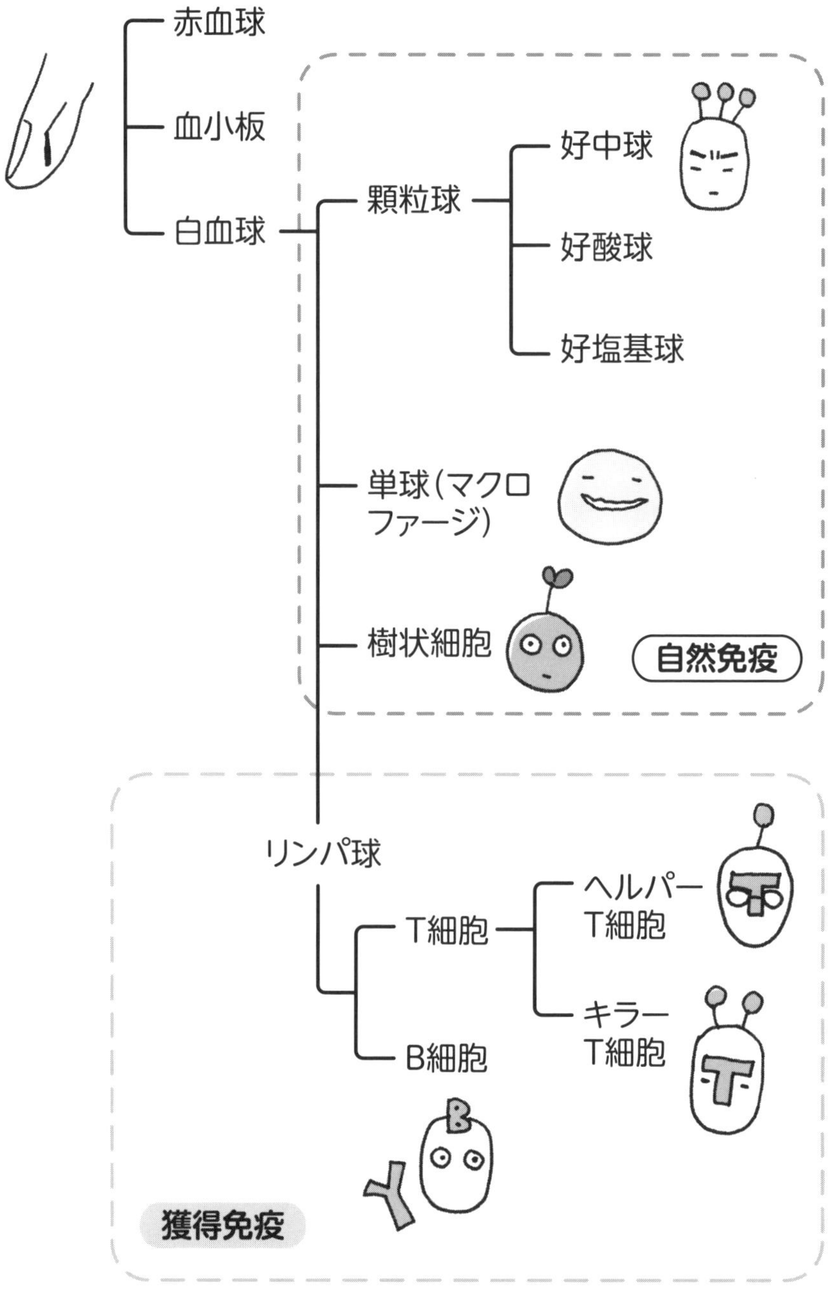
赤血球
血小板
白血球
顆粒球
好中球
好酸球
好塩基球
単球(マクロファージ)
樹状細胞
自然免疫
リンパ球
T細胞
ヘルパーT細胞
キラーT細胞
B細胞
獲得免疫

白血球のなかの免疫細胞たち

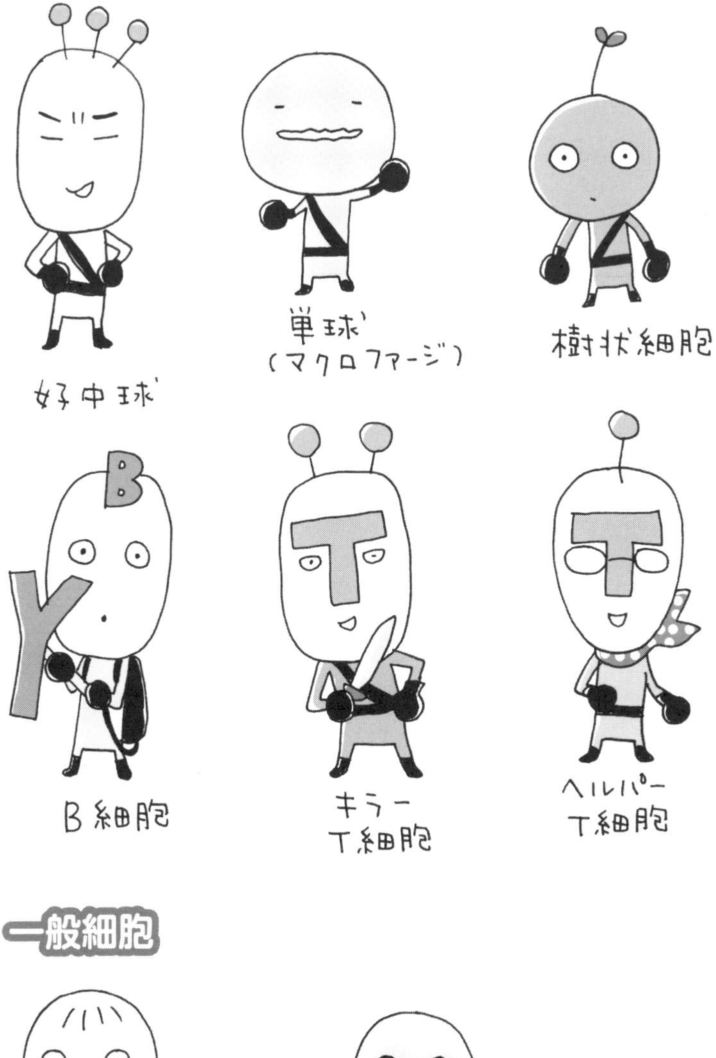
好中球
単球
（マクロファージ）
樹状細胞
B細胞
キラー
T細胞
ヘルパー
T細胞

一般細胞

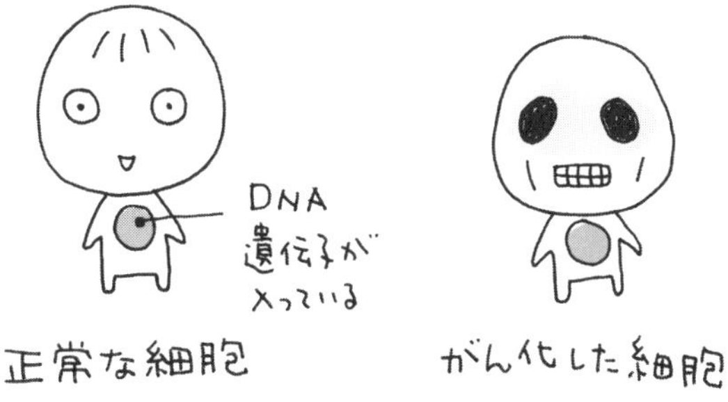
DNA
遺伝子が
入っている
正常な細胞
がん化した細胞

免疫細胞が生まれる場所

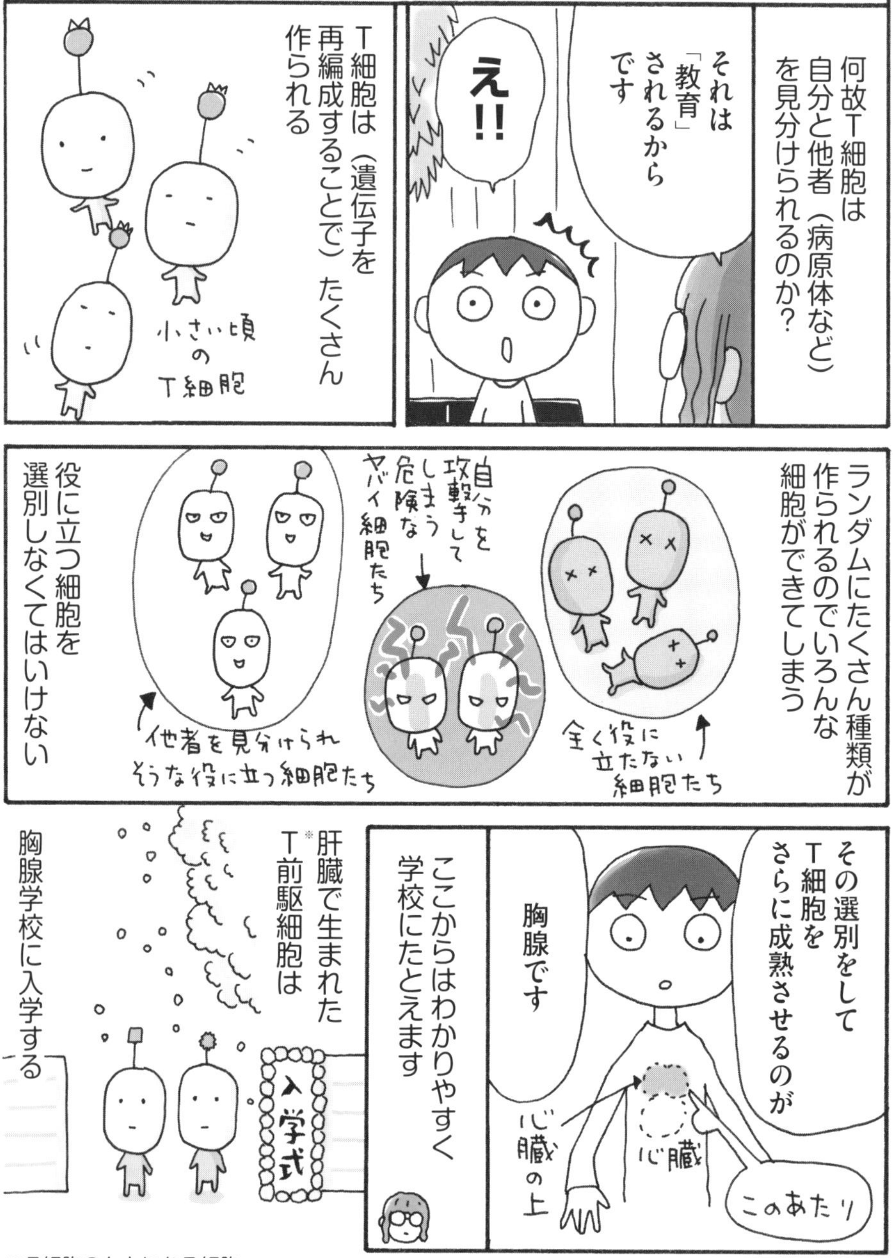
何故T細胞は自分と他者（病原体など）を見分けられるのか？
それは「教育」されるからです
え!!
T細胞は（遺伝子を再編成することで）たくさん作られる
小さい頃のT細胞
ランダムにたくさん種類が作られるのでいろんな細胞ができてしまう
全く役に立たない細胞たち
自分を攻撃してしまう危険なヤバイ細胞たち
他者を見分けられそうな役に立つ細胞たち
役に立つ細胞を選別しなくてはいけない
その選別をしてT細胞をさらに成熟させるのが
胸腺です
心臓の上
心臓
このあたり
ここからはわかりやすく学校にたとえます
肝臓で生まれた※T前駆細胞は
胸腺学校に入学する
入学式

※T細胞のもとになる細胞

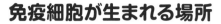

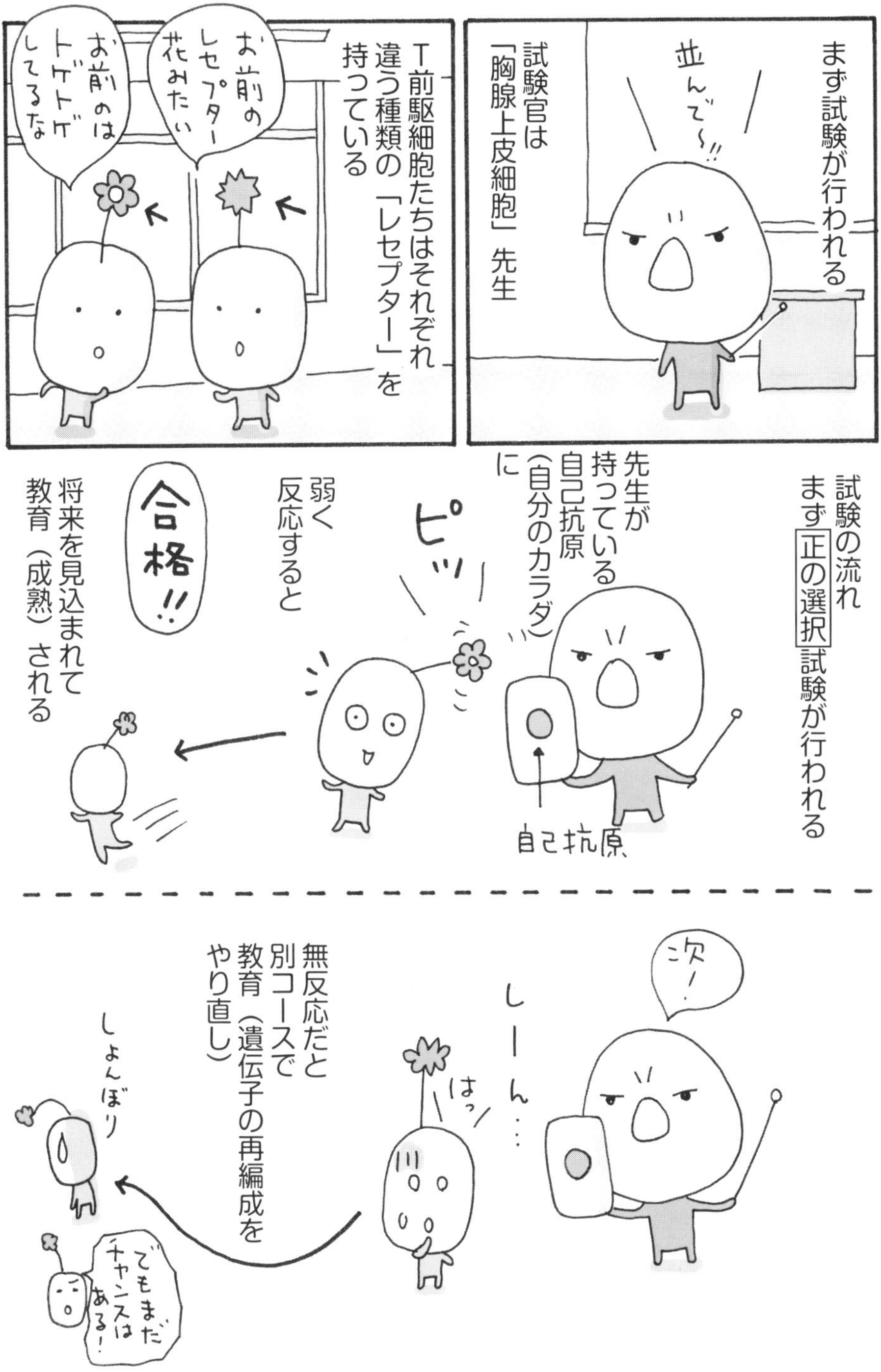
まず試験が行われる
並んで〜!!
試験官は「胸腺上皮細胞」先生
T前駆細胞たちはそれぞれ違う種類の「レセプター」を持っている
お前のレセプター花みたい
お前のはトゲトゲしてるな
試験の流れ
まず正の選択試験が行われる
先生が持っている自己抗原（自分のカラダ）に
自己抗原
ピッ
弱く反応すると
合格!!
将来を見込まれて教育（成熟）される
次!
しーん…
はっ
無反応だと別コースで教育（遺伝子の再編成をやり直し）
しょんぼり
でもまだチャンスはある!

ところが——
次!
ピピピピピピッ
ガッチリ強く反応してしまうと自分を攻撃する恐れがあるとしてその場で
ビシッ
死
これを負の選択という
再チャレンジはない
別コースで教育を受けた細胞たちも合格できないと…
ダメ
死——
やっぱりダメか…
不合格＝死
シビアな教育現場です
胸腺上皮細胞先生鬼教官だ…
ここで合格して晴れてT細胞になれるのはわずか2%ぐらい…
超エリート!
キラーT細胞
ヘルパーT細胞
とりあえずざっくりたくさん作って後々始末するっていう戦略です

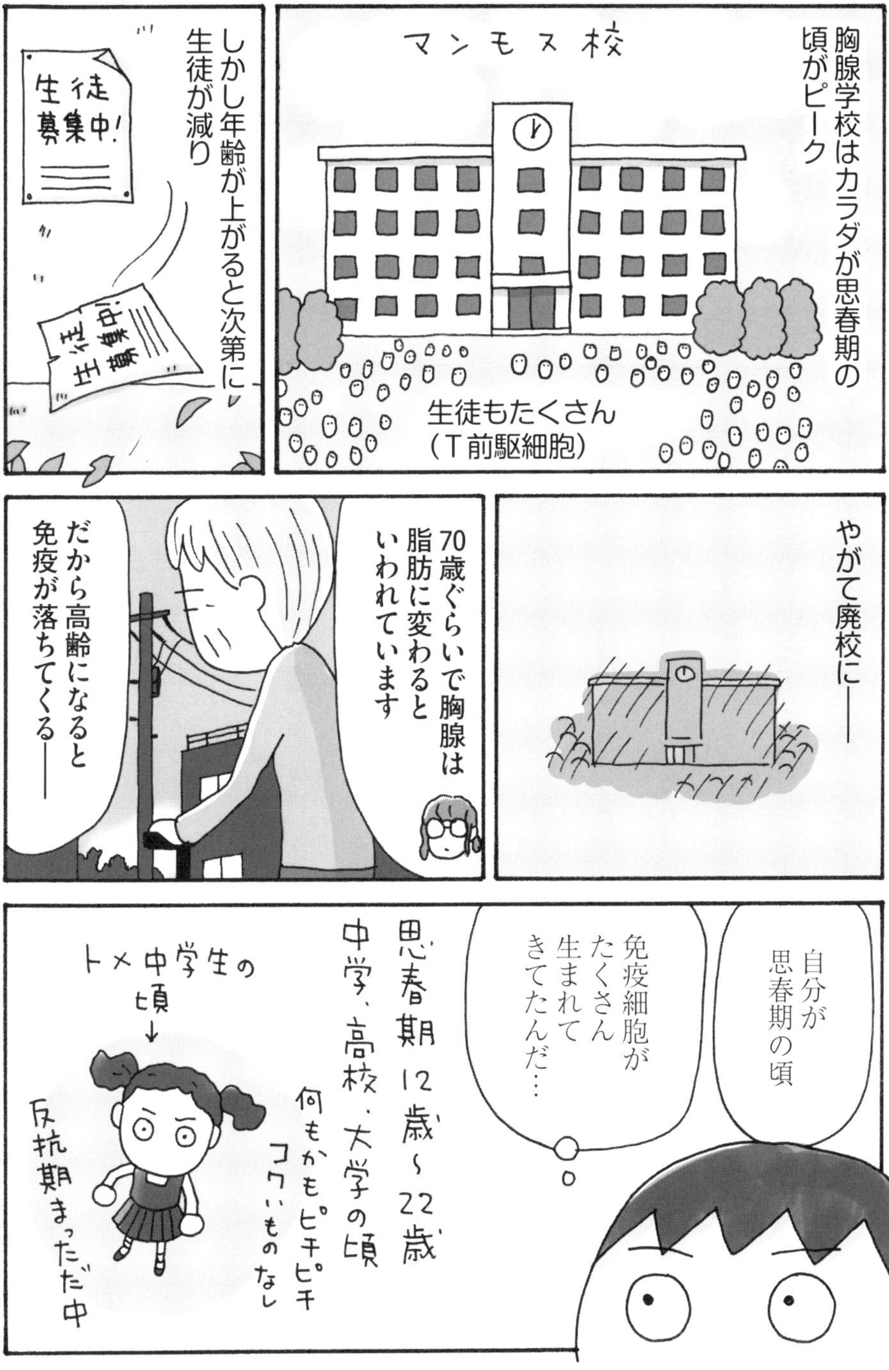
胸腺学校はカラダが思春期の頃がピーク
マンモス校
生徒もたくさん
（T前駆細胞）
しかし年齢が上がると次第に生徒が減り
生徒募集中!
やがて廃校に——
70歳ぐらいで胸腺は脂肪に変わるといわれています
だから高齢になると免疫が落ちてくる——
自分が思春期の頃
免疫細胞がたくさん生まれてきてたんだ…
思春期12歳～22歳
中学、高校、大学の頃
何もかもピチピチ
コワいものなし
トメ中学生の頃↓
反抗期まっただ中

あの頃は
自分がやりたいことが
わからなくて
自分が何者か知りたくて
でも他人とは違って
いたかった
高校時代のトメ
「自分探し」を
もがきながら
やっていた
ところが
免疫細胞たちは
当時から
遠い目
自分がわかってて
他者との
違いをちゃんと
知ってたんだ……
なーんだ
でもその免疫細胞は
ときどき
暴走します
錯乱して自他の区別ができず
自分を攻撃し
最悪死に至らしめることも

錯乱!!
死!?
カタッ
カラカラカラ
あ開いてた!
失礼…
玄関のチャイム何度か鳴らしたんだけど——
!?

同じ顔!!

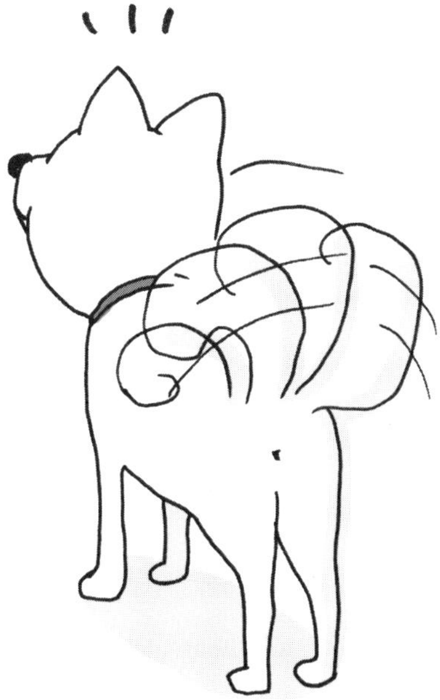

免疫は暴走する！

久しぶり ルカ
すん すん
……
うん…
双子!!
ってか来る孫2人…
アンさんの家も変わらない…
あ
ごめんなさい
Hi
キョロ キョロ
初めまして ルカの妹のカイです
トメさんですね アンさんのご友人…

ご友人…確かに
双子…よね？
はい
一卵性です
でも会うのはしばらくぶり
ごろん
私たち15歳の頃から別々に暮らしてるんです
私は高校からひとりでイギリスに行って大学に
そのまま現地で就職しました
その後医療ジャーナリストを目指して勉強中
今はフリーのライターをしています
ルカはずっと日本
イギリスに行ってから一度も帰国してないから
13年ぶり――かな

ねールカ
…
え…
トメさんに何にも話してないんだー
一卵性双生児といっても全然雰囲気が違うんだね
ですよー
同じDNAだけど
育った環境が違いすぎるし
遺伝
と
環境?
ところでさっき免疫の話をしてませんでした?
いただきます
大好物のテーマです

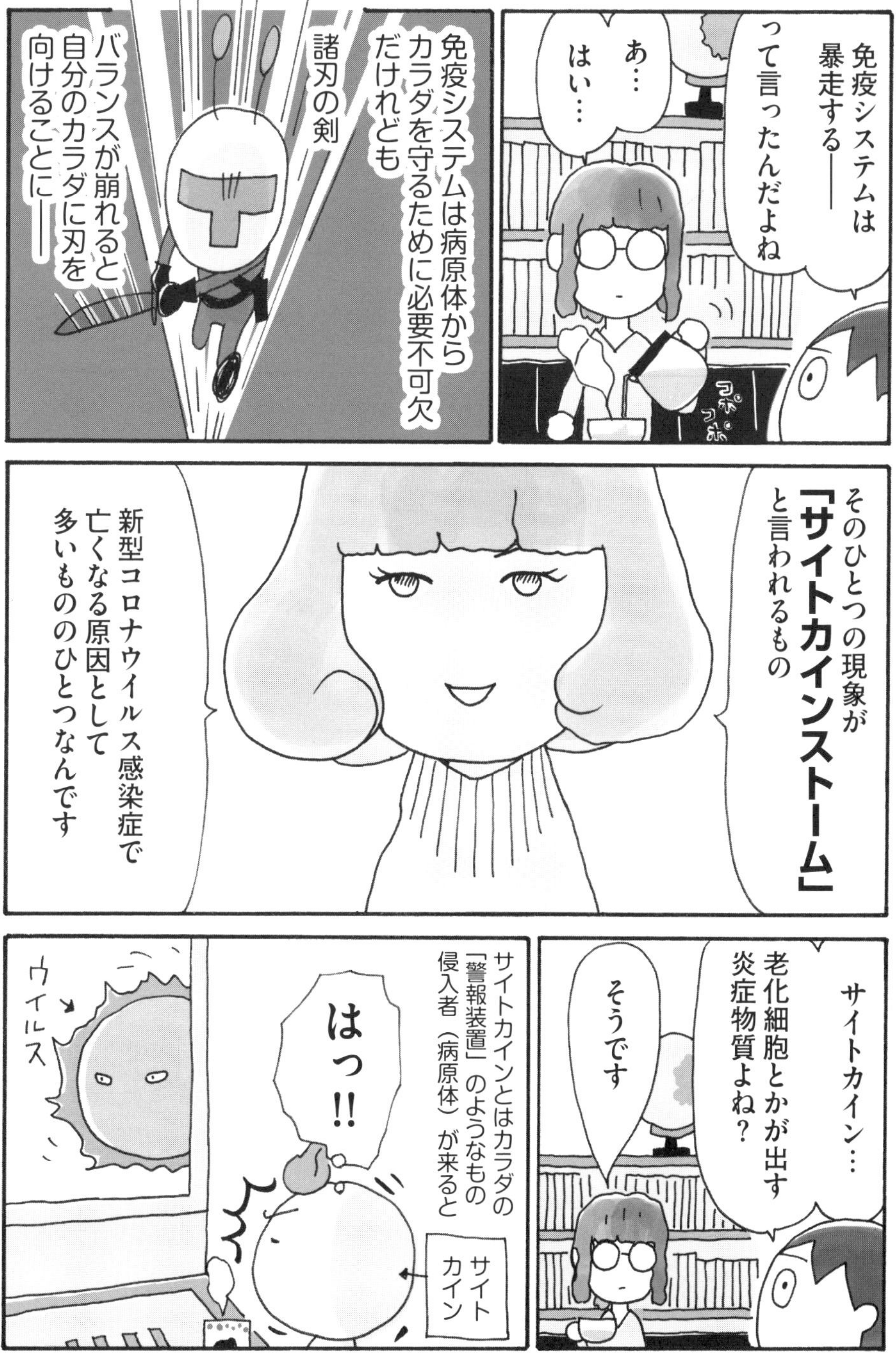
免疫システムは
暴走する――
って言ったんだよね
あ…
はい…
コポコポ
免疫システムは病原体から
カラダを守るために必要不可欠
だけれども
諸刃の剣
バランスが崩れると
自分のカラダに刃を
向けることに――
そのひとつの現象が
「サイトカインストーム」
と言われるもの
新型コロナウイルス感染症で
亡くなる原因として
多いもののひとつなんです
サイトカイン…
老化細胞とかが出す
炎症物質よね？
そうです
サイトカインとはカラダの
「警報装置」のようなもの
侵入者（病原体）が来ると
はっ!!
サイト
カイン
ウイルス

サイレンを鳴らして
ウーウーウー
ウーウー
ウーウー
免疫システム全体に侵入者の存在を知らせる
自らも炎症反応を起こす
ウー
防衛軍（免疫細胞）が緊急動員され
わらわらわら
病原体はどこだ～!!
戦闘!!
病原体が無害化されると――
防衛軍は撤収
お疲れー
ゾロゾロ
帰るぞー
サイトカインもおとなしくなる
ほっ
ところが何かの原因で病原体が無害化された後もサイレンが鳴りっぱなしになることがあるんです
ウーウー
ウーウー
ウーウー
ウー

サイトカインも増え続ける
ウー
ウー
鳴りやまないサイレン
病原体はどこだ～!!
わら
わらわら
このため不必要に防衛軍が動員される
わらわら
どこだー
ウー
ウー
ウー
ウー
ウー
ウー
ウー
チュドドド
ドドド
病原体は既にいないのよね？
はい もしくは無害化しています
血管（道路）が免疫細胞（防衛軍）であふれ そのため細胞への酸素や栄養がとどこおり
細胞が住む集合住宅
おなかへった…
ぐぅっ
細胞
どこだ
健康な組織が破壊され始め――
細胞たちの栄養
病原体どこだ！
EIYO COOL
うわっ道路に免疫細胞があふれていて車が進めないっっ
病原体どこだっ！
大渋滞

カラダ全体が戦場のようになり
死に向かっていく——
ウイルスに直接やられるんではなく
自分に攻撃されるんだ!
です
クーデター…
…
よく知ってるね
まあね
論文、記事は片っぱしから目を通すようにしているし
何故サイレンが止まらず鳴りっぱなしになるの?
はっきりしたことはわかってませんが
年齢・遺伝にも関係があるといわれています
リウマチ
アレルギー
ぜんそく
これらも免疫システムの暴走といわれています

ぜんそく!!
遺伝!?
私、いいオトナになってから突然ぜんそくになった
年齢による影響もあると思うし――
ストレス
黄砂
花粉
PM 2.5
アレルギー体質だし
ぜんそくの
ト×
でも主な原因は「環境」だと分析してる
これプラス「遺伝」も関係するの?
両親も姉もぜんそくじゃないけど
「これだっ!」ていう特定はできないです
白黒もつけられない
病気って「遺伝」「環境」両方が関係してきます
遺伝
環境
そして多くの病気がひとつの遺伝子で発症するのではなくたくさんの遺伝子が関係します
この齢になるとどんな病気の遺伝を持ってるかすごく気になる
だってがんも遺伝でしょ?

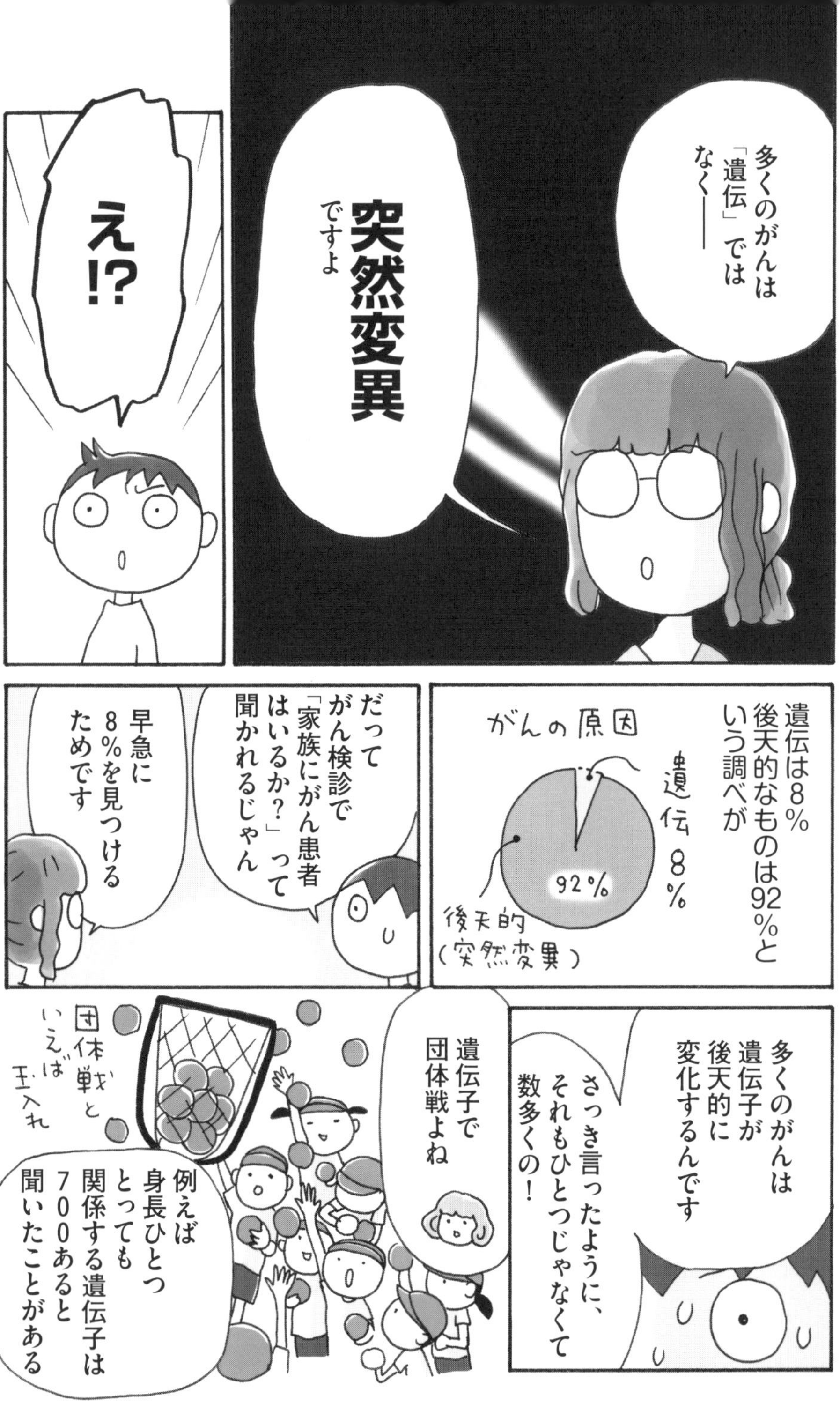
多くのがんは「遺伝」ではなく――
突然変異ですよ
え!?
遺伝は8%後天的なものは92%という調べが
がんの原因
遺伝 8%
92%
後天的（突然変異）
だってがん検診で「家族にがん患者はいるか？」って聞かれるじゃん
早急に8%を見つけるためです
多くのがんは遺伝子が後天的に変化するんです
さっき言ったように、それもひとつじゃなくて数多くの！
遺伝子で団体戦よね
団体戦といえば玉入れ
例えば身長ひとつとっても関係する遺伝子は700あると聞いたことがある

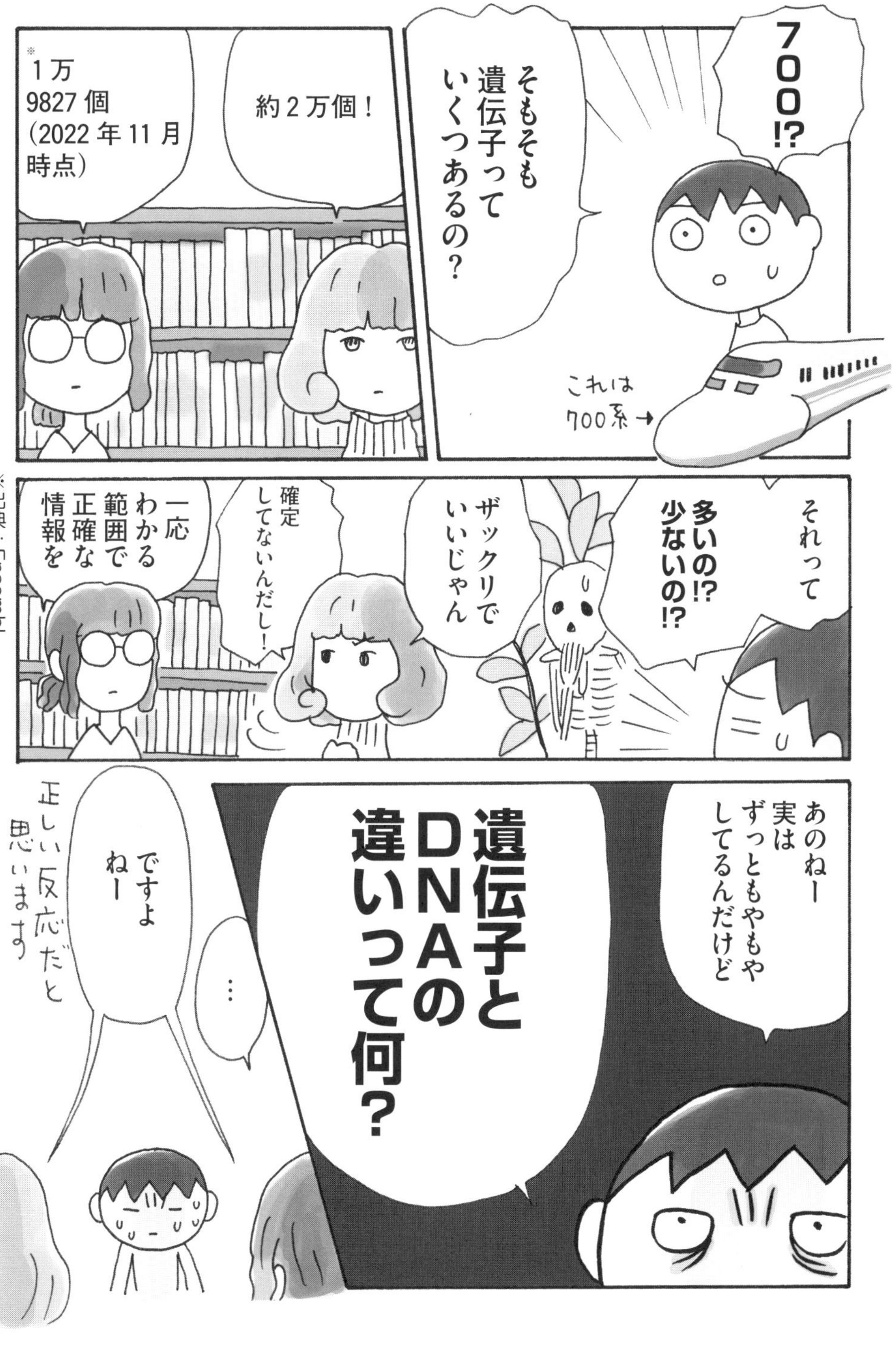
700!?
そもそも遺伝子っていくつあるの？
これは700系→
約２万個！
※1万9827個（2022年11月時点）
それって
多いの!? 少ないの!?
ザックリでいいじゃん
確定してないんだし！
一応わかる範囲で正確な情報を
あのねー実はずっともやもやしてるんだけど
遺伝子とDNAの違いって何？
…
ですよねー
正しい反応だと思います

※出典：Ensembl

毎日働き続ける、小さきたくさんのもの

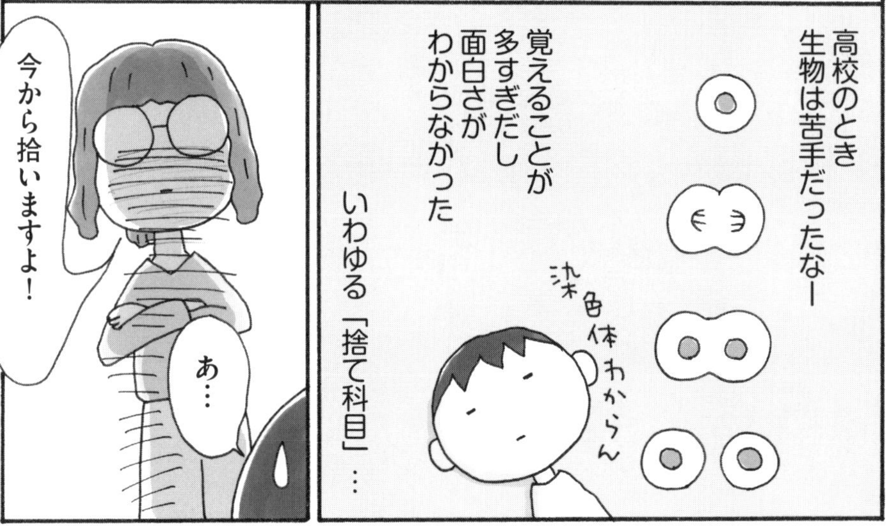
高校のとき生物は苦手だったなー
覚えることが多すぎだし面白さがわからなかった
いわゆる「捨て科目」…
染色体わからん
今から拾いますよ！
あ…

私たちはそれぞれ約37兆個の細胞からできているという話をしました
約37兆個
約37兆個
約37兆個
都市みたいだと
城郭
その中のひとつ
細胞
核
DNA
遺伝子は
ここに入っています

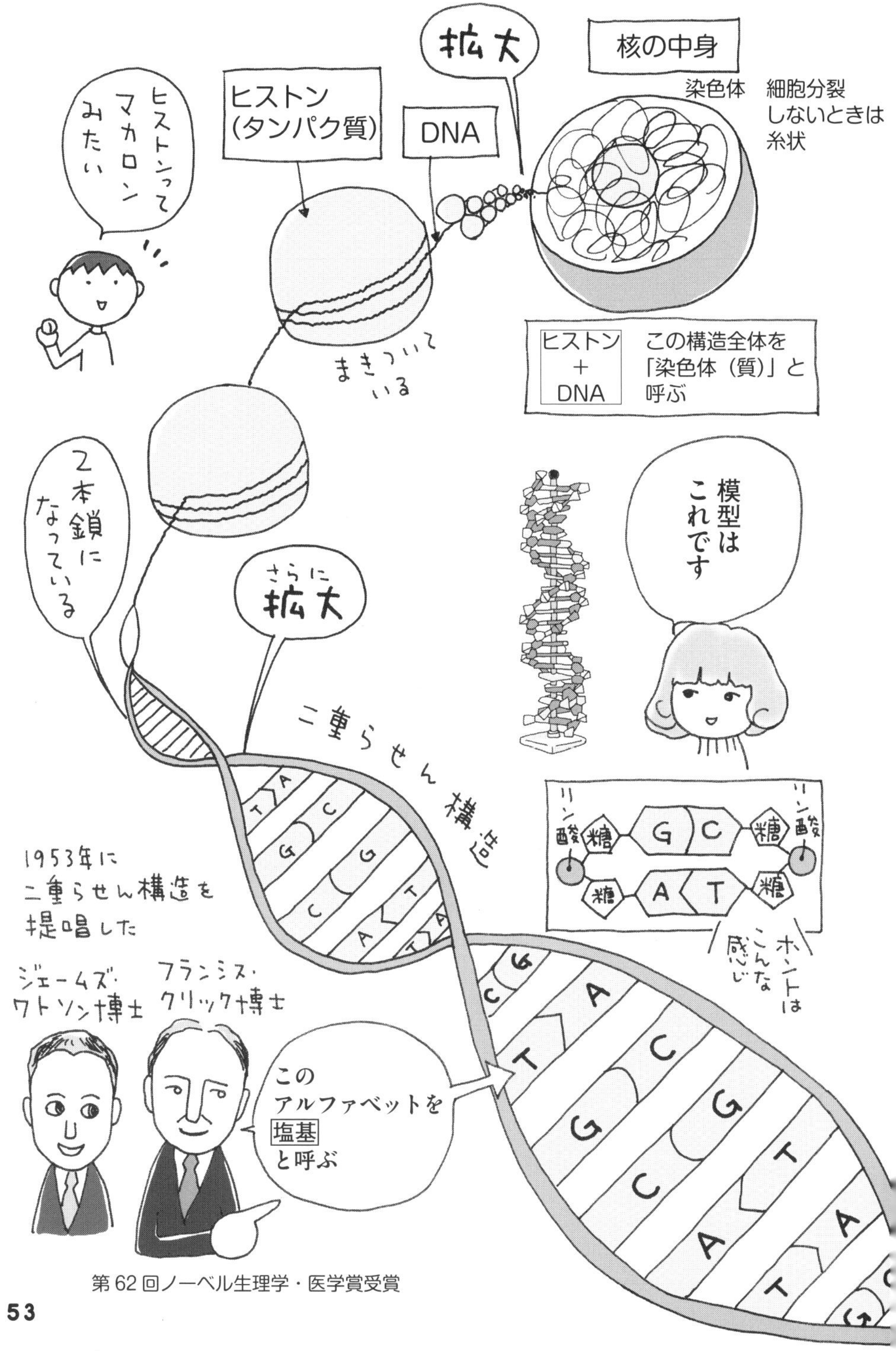
核の中身
染色体　細胞分裂しないときは糸状
拡大
ヒストンってマカロンみたい
ヒストン（タンパク質）
DNA
まきついている
ヒストン＋DNA　この構造全体を「染色体（質）」と呼ぶ
模型はこれです
2本鎖になっている
さらに拡大
二重らせん構造
リン酸　糖　G　C　糖　リン酸
糖　A　T　糖
ホントはこんな感じ
1953年に二重らせん構造を提唱した
ジェームズ・ワトソン博士
フランシス・クリック博士
このアルファベットを塩基と呼ぶ
T A G C G C A T T A C G
第62回ノーベル生理学・医学賞受賞

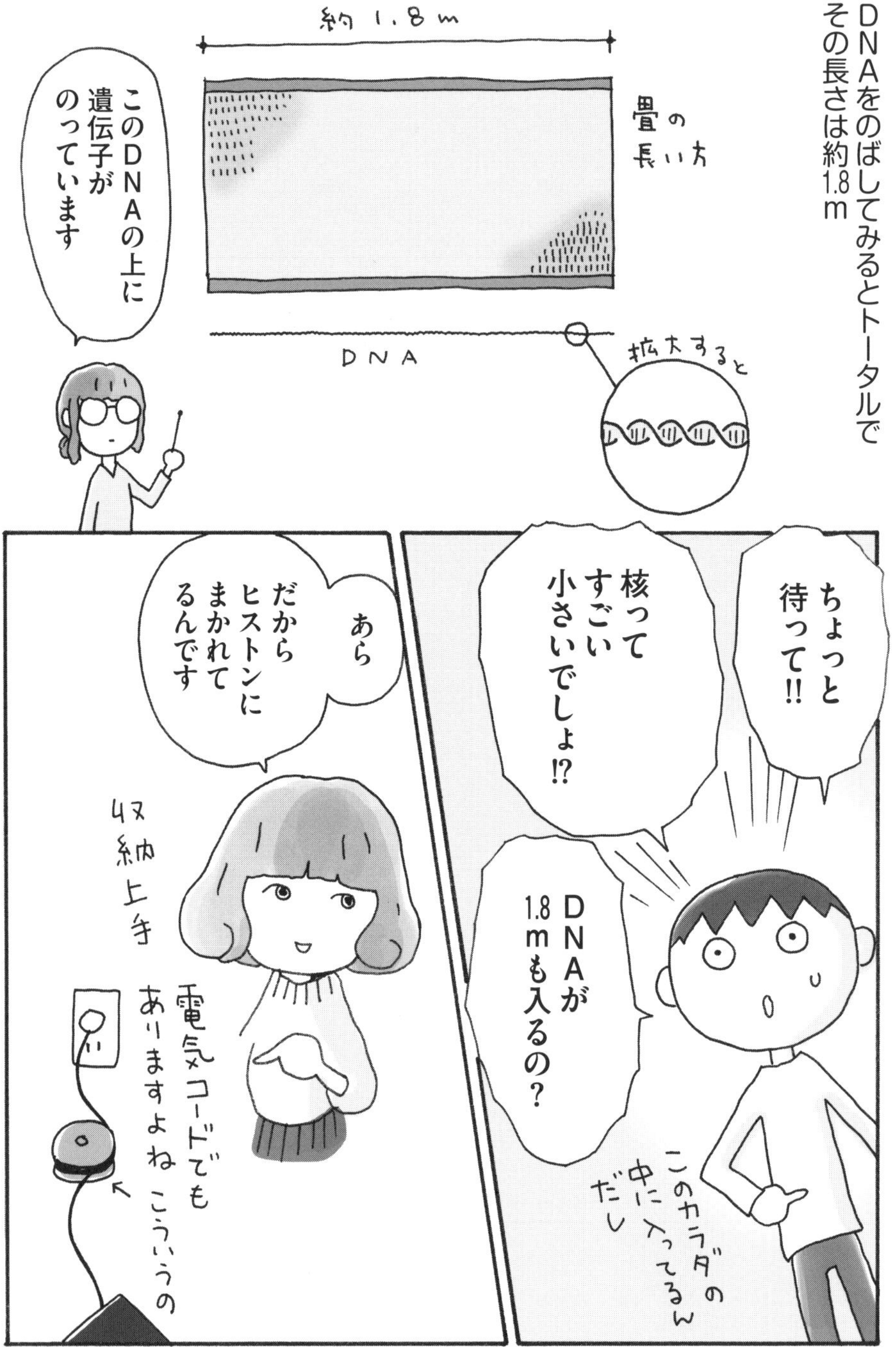
DNAをのばしてみるとトータルでその長さは約1.8m
約1.8m
畳の長い方
DNA
拡大すると
このDNAの上に遺伝子がのっています
ちょっと待って!!
核ってすごい小さいでしょ!?
DNAが1.8mも入るの?
このカラダの中に入ってるんだし
あら
だからヒストンにまかれてるんです
収納上手
電気コードでもありますよね こういうの

核を卓球のピンポン球にたとえると
パカッ
核＝ピンポン球
拡大
長さ12㎞の髪の毛よりも細い超極細糸がギューッと入っている感じ
スタート 大手町
12km
大森海岸駅前歩道橋
鶴見中継所
12kmっていったら箱根駅伝第1区のこのあたり
これ！やっぱり結構ギュッだよ!!
一度出したら二度と入れられないパターン!!
ヒストンにまきついているとはいえ
このアルファベットの並びは？
この組み合わせが情報（タンパク質の設計図）です
GATCという4種類の塩基で
T
C
G
T
A
G

塩基は必ず対になっている
どっちか
このDNAの2本鎖に30億塩基対がついています
A T
C G
暗号みたい
ヒトは母親・父親からそれぞれ1セット分のDNA（約30億塩基対）を受けつぐから1つの細胞の核には約60億塩基対のDNAがある
トメを構成する一つ一つの細胞に含まれる両親から受けついだ2セット分のDNAの塩基配列
＝
遺伝情報（ゲノム）これは一生変わらない
トメ
細胞
ヒトひとりのゲノムが解読されたのは2003年のこと

そのヒトひとり分のGATC塩基の数は
新書(200ページの)
600字/ページ
として
×
5万冊
描ききれません
ブラックアウト

トメさん？
はっ
逃避《いけん》してた
ちょっと整理してみよう
ここまでわかったことは
このカラダには
ものすごくたくさんの
小さきものたちが搭載されていて
24時間、暗号を使って
何かをやっているということ
ところで染色体ってこのおなじみの形じゃないの？
さっきの説明だと「ヒストン＋DNA」は糸状だったけど
変化するんです
細胞分裂していないときは
糸状
DNA
ヒストン
細胞分裂が始まると凝縮して棒状になる
ぎゅっ
DNAの中でもタンパク質や機能を有するRNA（カラダの部品）を作れる文字配列を「遺伝子」といいます
遺伝子はDNAの1〜2％とも
例えばこんな感じ
ココ！
え⁉ あとの約98％は？

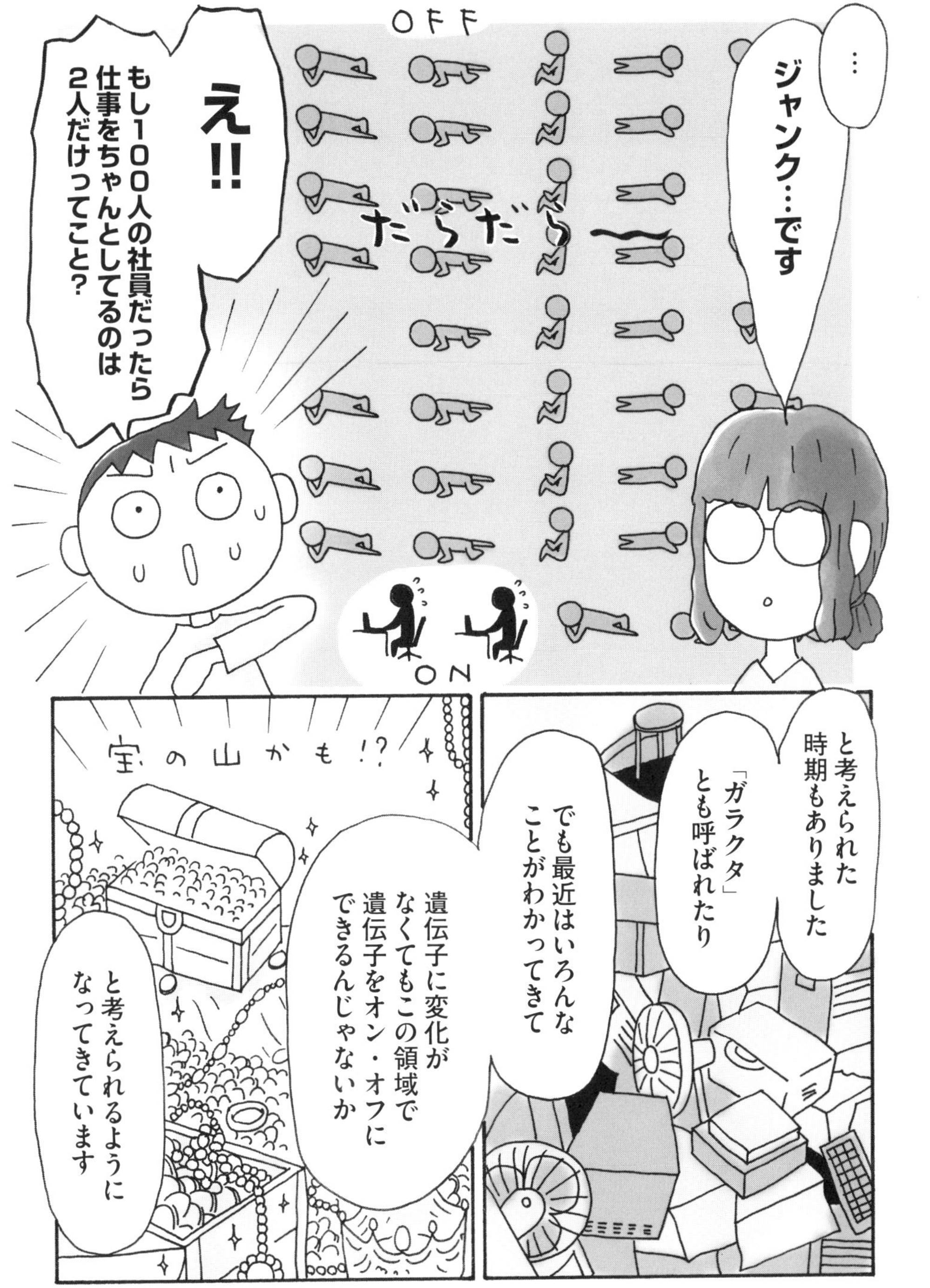
…
ジャンク…です
OFF
だらだら〜〜
ON
え!!
もし100人の社員だったら仕事をちゃんとしてるのは2人だけってこと?
と考えられた時期もありました
「ガラクタ」とも呼ばれたり
でも最近はいろんなことがわかってきて
遺伝子に変化がなくてもこの領域で遺伝子をオン・オフにできるんじゃないか
と考えられるようになってきています
宝の山かも!?

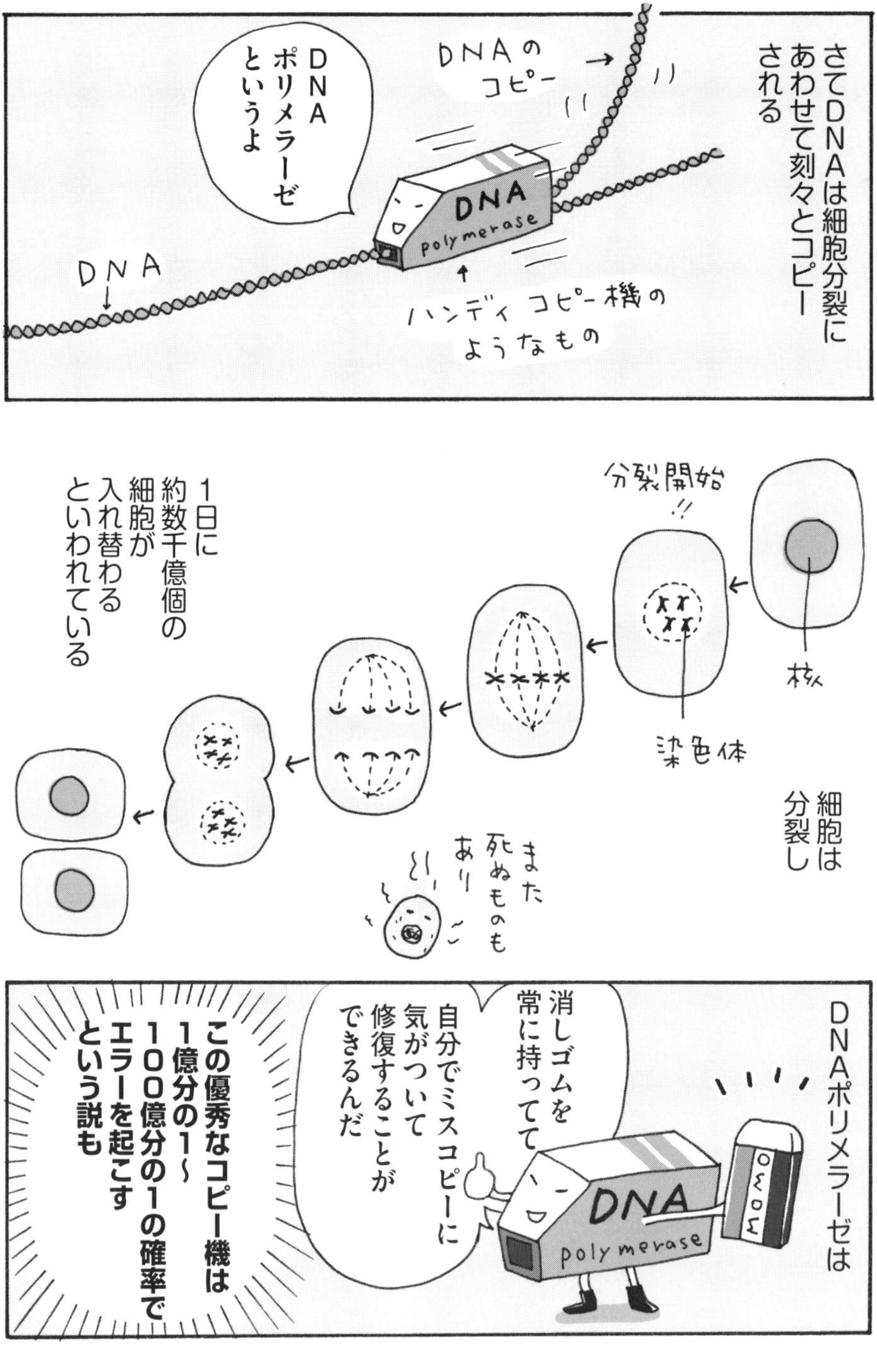
さてDNAは細胞分裂にあわせて刻々とコピーされる
DNAのコピー
DNAポリメラーゼというよ
DNA polymerase
DNA
ハンディコピー機のようなもの
細胞は分裂し
核
分裂開始!!
染色体
また死ぬものもあり
1日に約数千億個の細胞が入れ替わるといわれている
DNAポリメラーゼは
消しゴムを常に持ってて
自分でミスコピーに気がついて修復することができるんだ
DNA polymerase
MONO
この優秀なコピー機は1億分の1〜100億分の1の確率でエラーを起こすという説も

1億回もしくは100億回キーボードを打って1回しかミスしないってことですよね
トメさんできます？
カタカタカタカタ
ムリ！
すごい精度そんなの人間に絶対ムリ！
あれ？でもヒトの中か!?
すごいぜ人間!?

単純計算で

仮に人体で1日5000億回のコピーをし、1/1億の確率でミスコピーが出るとすると

↓

細胞5000個にエラーが出る

毎日24時間働いてこれだけコピーを続けてたら
そりゃエラーが出ても不思議はない
そのエラーとは突然変異のことで時にがんの原因になるんです
!!
そういうことか……

あっ 5文字目で 打ち間違えてる…
…はやっ！

2.

遺伝する病気としない病気

がんって遺伝じゃないの？

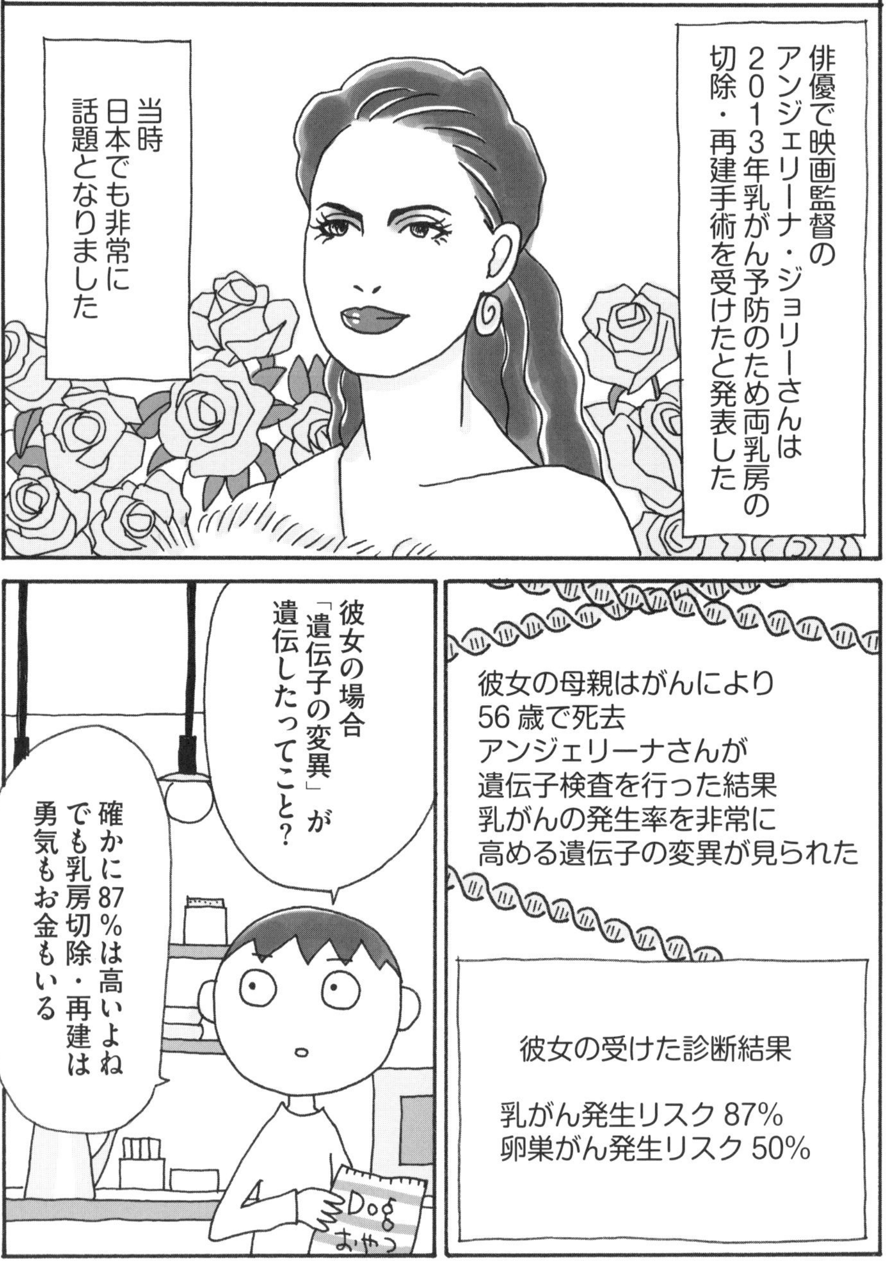

俳優で映画監督のアンジェリーナ・ジョリーさんは2013年乳がん予防のため両乳房の切除・再建手術を受けたと発表した
当時日本でも非常に話題となりました
彼女の母親はがんにより56歳で死去 アンジェリーナさんが遺伝子検査を行った結果 乳がんの発生率を非常に高める遺伝子の変異が見られた
彼女の受けた診断結果
乳がん発生リスク 87%
卵巣がん発生リスク 50%
彼女の場合「遺伝子の変異」が遺伝したってこと？
確かに87%は高いよね でも乳房切除・再建は勇気もお金もいる
Dog おやつ

正確に言うと「がんを抑制する遺伝子」が変異したんです
でもこれですぐがんになるわけではありません
「がんになりやすい体質」が遺伝するのです
ちなみに後天的ながんとはもともと正常だった細胞の遺伝子が後天的に変化（突然変異）して起こるものです
遺伝的
がんになりやすさ
後天的
正常
変化
そうか
がんは遺伝と思ってたから
たぶん自分は大丈夫だとどこかで安心してた
家族や近い身内にがんの人はいないから…
ってことはこれからはいつ
がんになっても不思議はないんだな!!
っていうのも変だな
毎年絶対受けようがん検診!!
メラメラ
メラメラ
決意の炎→
ところで「がん」と「感染症」の違いってわかりますか？大きな違いがあるんですよ
えっ？
もうひとつちょーだい

感染症は
外からやってくる敵
敵だー!!
おーっ!!
がんは正常な細胞が変化するので
内なる敵
正常な細胞
がん化した細胞
昨日の仲間が今日の敵
ゾンビ化して他の細胞をかんでえじきに?
噛
かみません!
バイオハザードじゃないんですから
でもがんは増殖が止まらなくなるから
ゾンビっぽい!
バイオハザード
突然変異の原因は
DNAに傷がつくこと
=
遺伝子にも傷がつく
ともいわれています

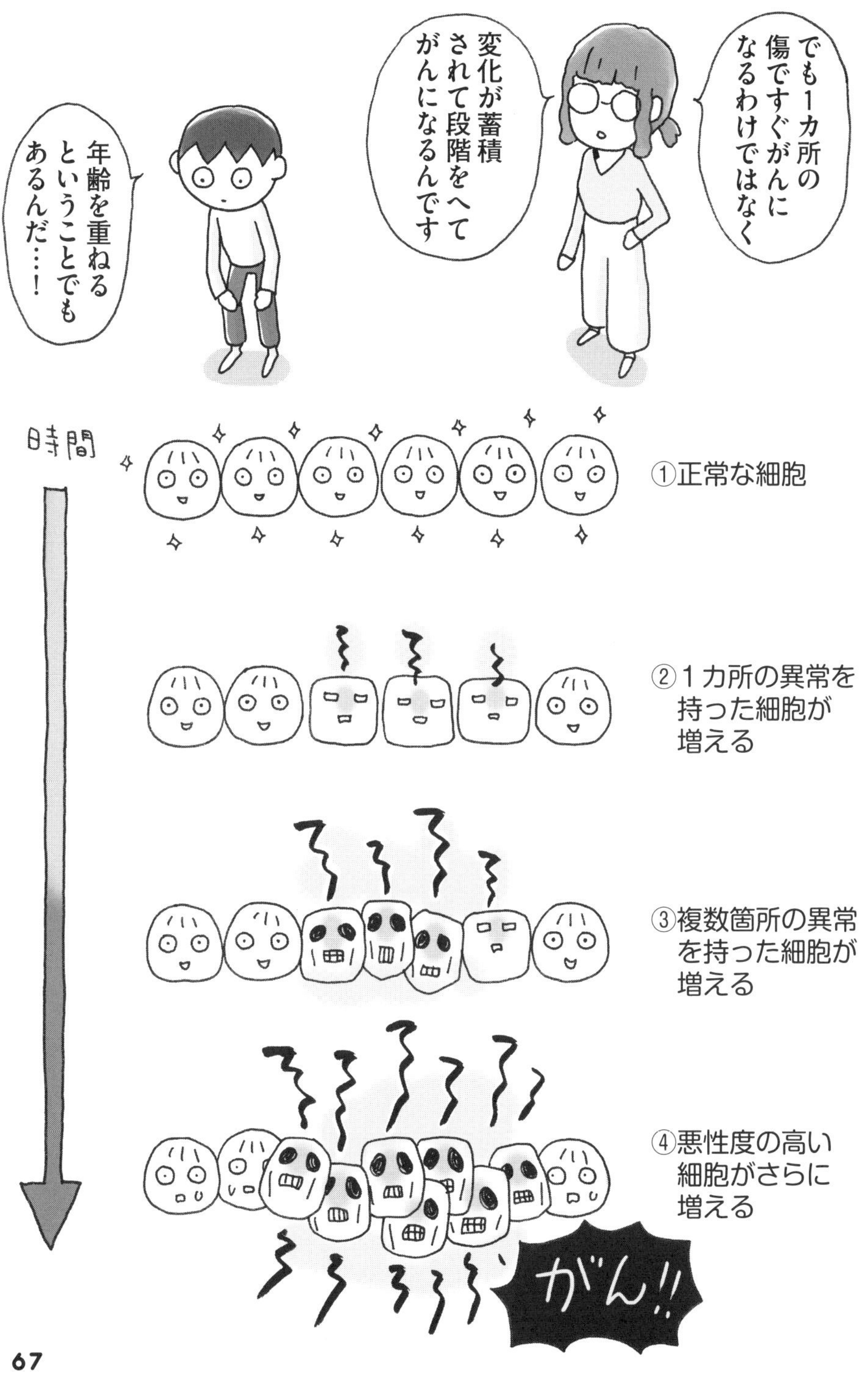
でも1カ所の傷ですぐがんになるわけではなく
変化が蓄積されて段階をへてがんになるんです
年齢を重ねるということでもあるんだ…！
時間
①正常な細胞
②1カ所の異常を持った細胞が増える
③複数箇所の異常を持った細胞が増える
④悪性度の高い細胞がさらに増える
がん!!

この細胞の増殖のアクセルを踏む遺伝子があるんです
それが
がん遺伝子
トラック
＝
がん遺伝子
細胞のがん化
正常な細胞
遺伝子が傷つく
異常な増殖
がん化
異常増殖のブレーキをかける遺伝子もある それが
がん抑制遺伝子
STOP!
ピー
がん抑制遺伝子
正常な細胞
ところが
がん抑制遺伝子も突然変異によって動かなくなると――
ドカッ
がん化
正常な細胞
遺伝子が傷つく
異常な増殖

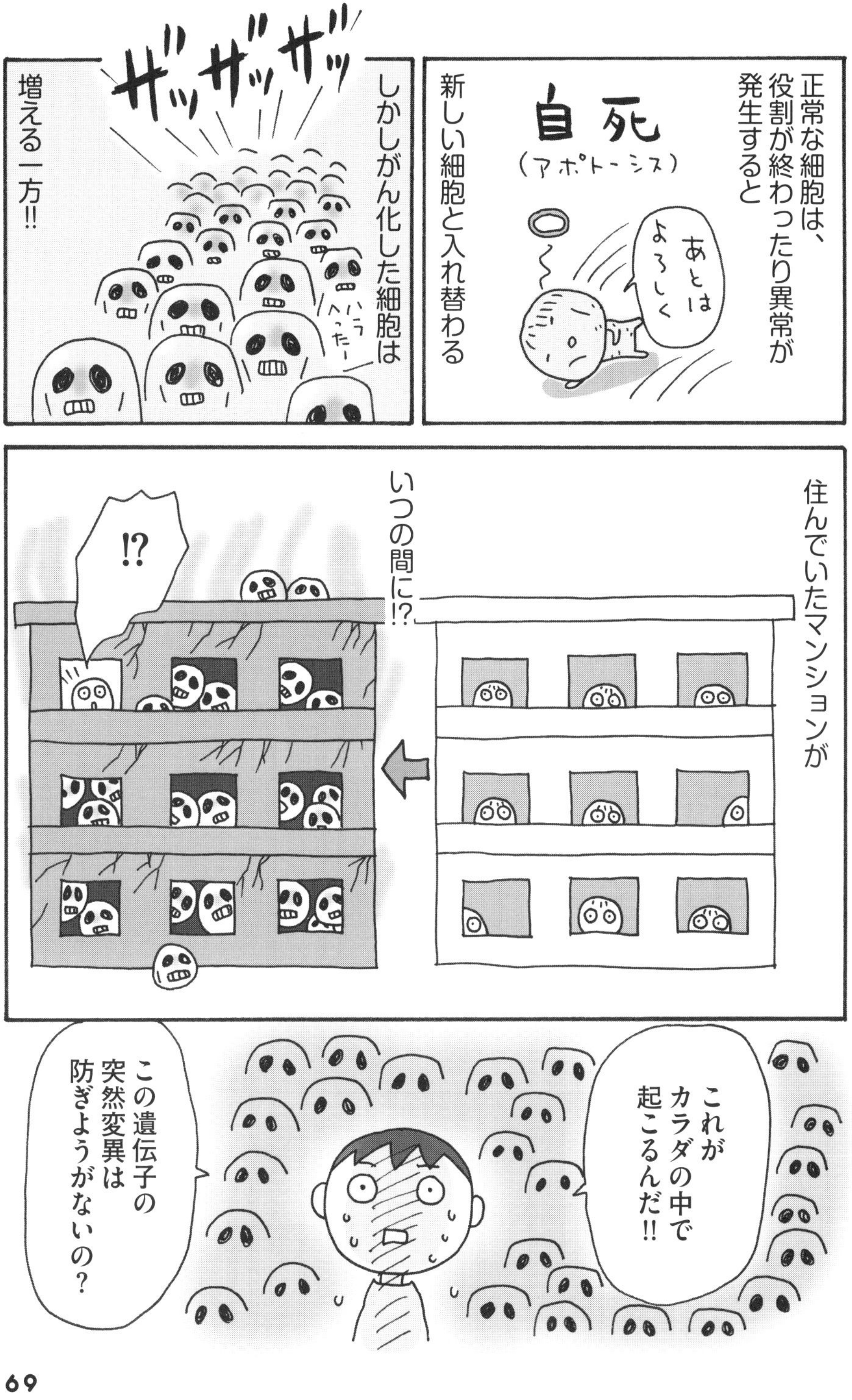
正常な細胞は、役割が終わったり異常が発生すると
自死
(アポトーシス)
あとはよろしく
新しい細胞と入れ替わる
しかしがん化した細胞は
ザッザッザッ
ハラへったー
増える一方!!
住んでいたマンションが
いつの間に!?
!?
これがカラダの中で起こるんだ!!
この遺伝子の突然変異は防ぎようがないの?

アメリカの
ジョンズ・ホプキンズ大学の
バート・フォーゲルシュタイン
教授によって
がんの原因は
遺伝や環境でなく
がん遺伝子に変異が
起こる「不運」が
原因
何故
こんなところに
石が!?
という論文も
出てるんですよね
ええっ!?
何だか科学的
ではないような
でも
そうなんだ
DNAを傷つける可能性が
あると
いわれているものは
紫外線
喫煙
一部の
ウイルス
細菌感染症
放射能
飲酒
でもこれらを
完全に避けても
がんにならない
わけではない
さっきも
言ったように
1つの遺伝子で
決まる病気じゃ
ないし
SUN
SUN
SUN
SUN
SUN
糖尿病、肥満、
高血圧も影響
それに環境要因が
加わったりします

もしかして
こうやってお茶を飲んでる間にも変異が着々と…
その一方でがんの進行を必死に抑えようとする遺伝子や免疫細胞もある
STOP
ここを通すわけにはいかないっ!!
がん抑制遺伝子(想像)
遺伝子たち
こんな仕事をしてたんだ
今がん治療の研究はさらに進んでいて
新しい試みとしてがん患者の「遺伝子検査」をして治療薬を決めたり
自分の免疫細胞でがんと戦う新しい治療方法が開発されたり――
「オプジーボ」の開発につながる発見をした本庶佑さん
2018年ノーベル生理学・医学賞受賞
避けられたらそれに越したことはないけど
たとえなってても道はある!!
あきらめないで

認知症は遺伝するの？

てくてくてく
あれ？
スマホがない
サイフも
どこかに忘れてきた
そういえば
カバンもない
!!
いつの間に
靴もはいてない!!
こうやっていろんなことをカラダからはがれていくように忘れてしまい
そのうちココロの中にしまってあることもポロッと口から――

わ〜っダメダメ
墓場まで持っていく
んだから!!
認知症に
なるワケには
いかないっ!!
眠ってました?
大丈夫
ですか?
はっ
だ…
・・・
大丈夫…
はっ
がばっ
認知症に
なったら
秘密も
しゃべって
しまうん
だろうか!?
おそらく
そもそも
「認知症」という病気は
ないんですよ
認知症は
症状の
名前なんです
その原因となる
病気は
いくつかありますが
その他
レビー小体型
脳血管性型
アルツハイマー型
原因の半分をしめるのが
「アルツハイマー病」

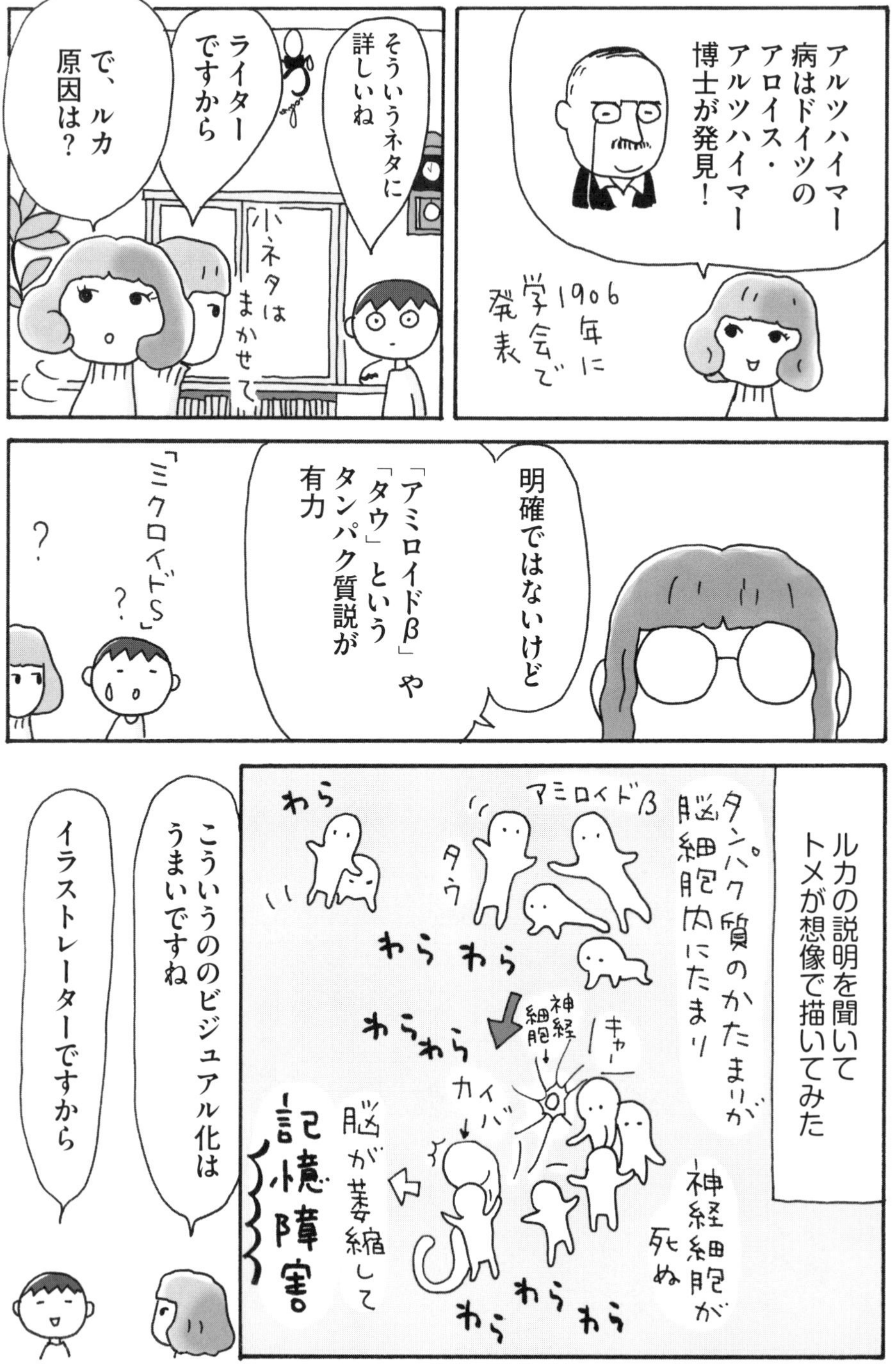
アルツハイマー病はドイツのアロイス・アルツハイマー博士が発見！
1906年に学会で発表
そういうネタに詳しいね
ライターですから
小ネタはまかせて
で、ルカ原因は？
明確ではないけど「アミロイドβ」や「タウ」というタンパク質説が有力
「ミクロイドS」
？
？
ルカの説明を聞いてトメが想像で描いてみた
タンパク質のかたまりが脳細胞内にたまり
アミロイドβ
タウ
わら
わら わら
わらわら
神経細胞
キャー
カイバ
神経細胞が死ぬ
脳が萎縮して
記憶障害
わら わら わら
こういうののビジュアル化はうまいですね
イラストレーターですから

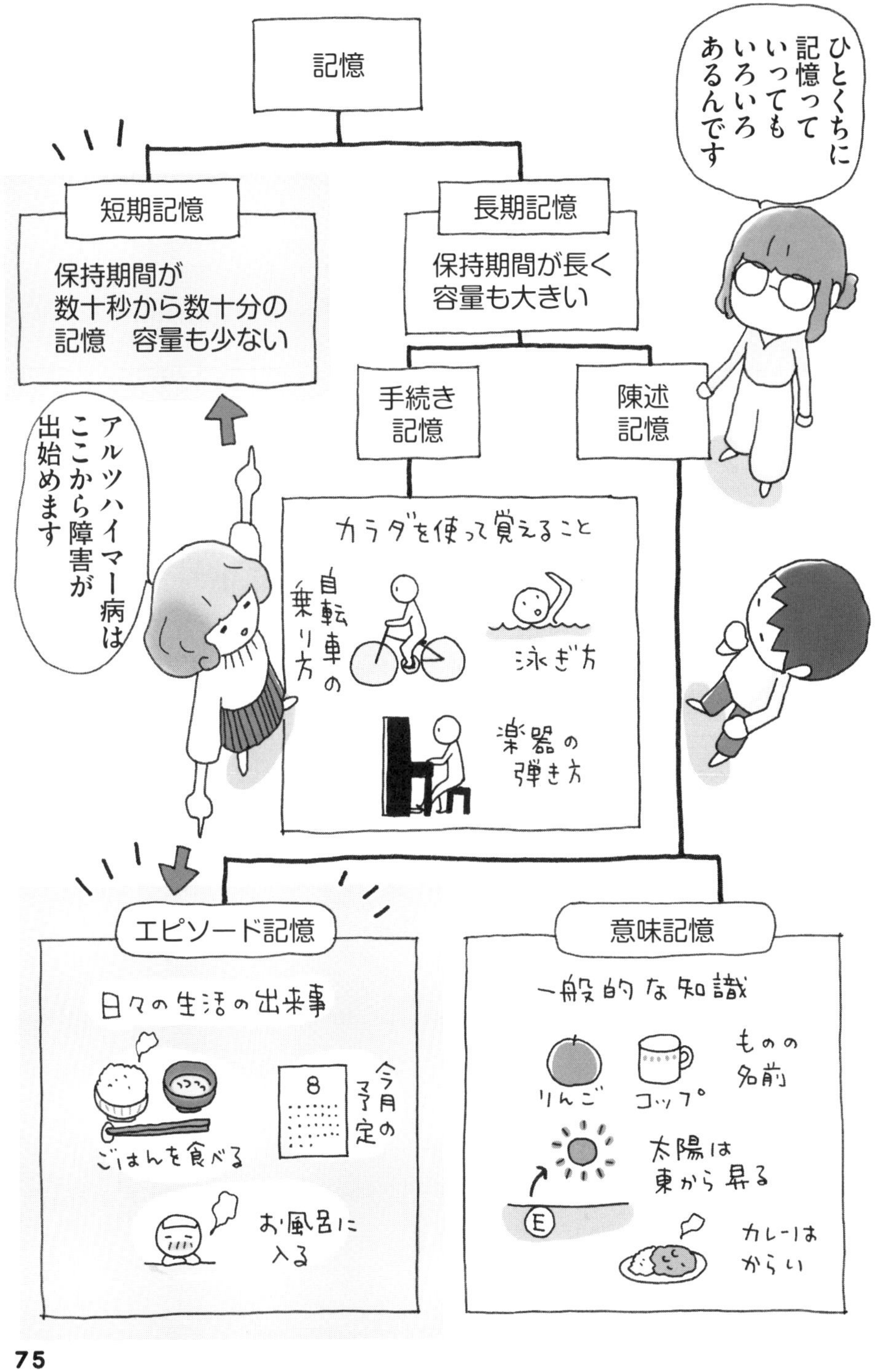

記憶
短期記憶
保持期間が
数十秒から数十分の
記憶　容量も少ない
長期記憶
保持期間が長く
容量も大きい
ひとくちに記憶っていってもいろいろあるんです
手続き
記憶
陳述
記憶
アルツハイマー病はここから障害が出始めます
カラダを使って覚えること
自転車の乗り方
泳ぎ方
楽器の弾き方
エピソード記憶
日々の生活の出来事
ごはんを食べる
8
今月の予定
お風呂に入る
意味記憶
一般的な知識
りんご
コップ
ものの名前
太陽は東から昇る
E
カレーはからい

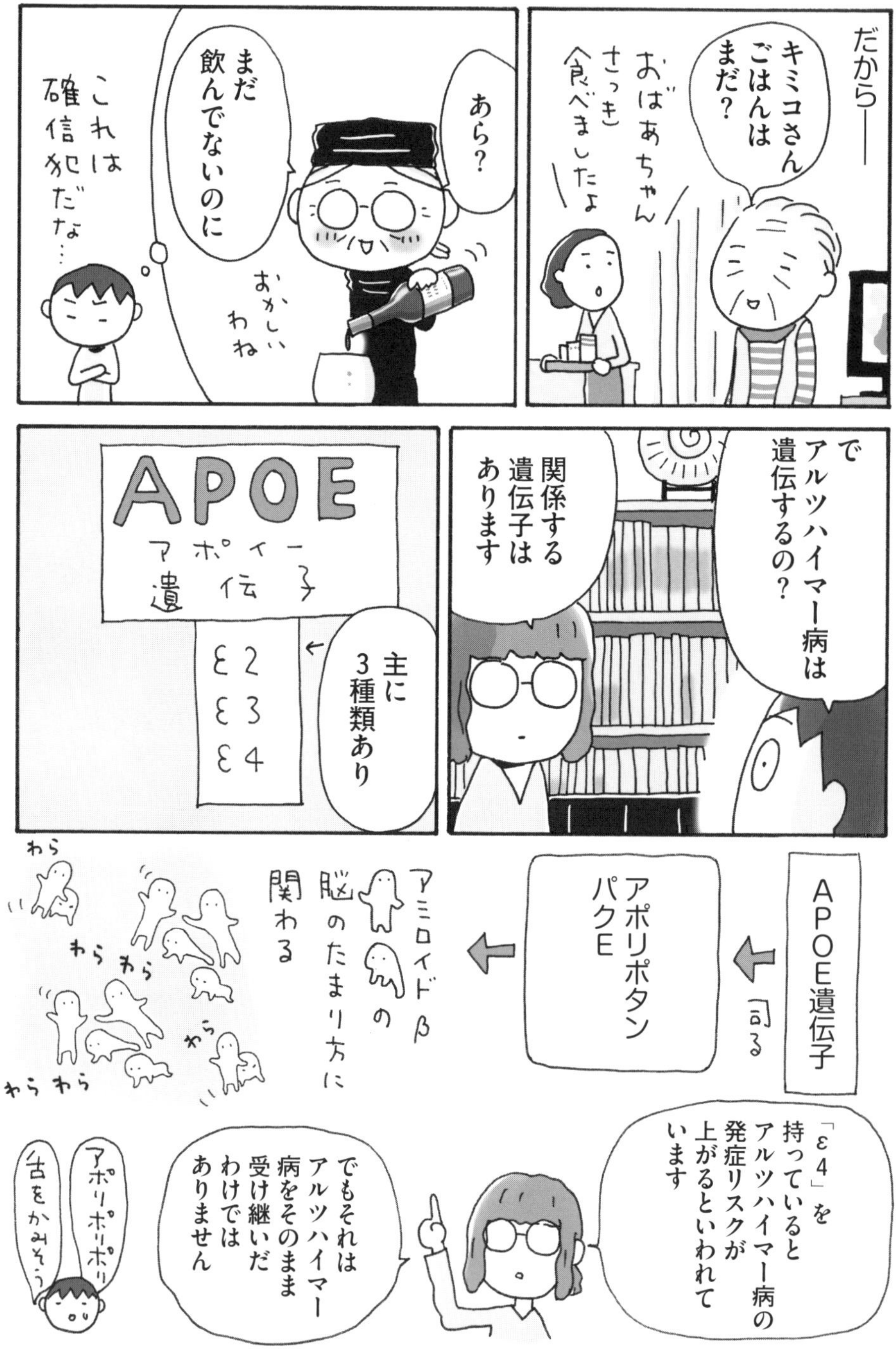
だから――
キミコさん
ごはんは
まだ?
おばあちゃん
さっき
食べましたよ
あら?
まだ
飲んでないのに
おかしいわね
これは
確信犯だな…
で
アルツハイマー病は
遺伝するの?
関係する
遺伝子は
あります
APOE
アポイー
遺伝子
ε2
ε3
ε4
主に
3種類あり
APOE遺伝子
司る
アポリポタン
パクE
アミロイドβの
脳のたまり方に
関わる
わら
わらわら
わら
わらわら
「ε4」を
持っていると
アルツハイマー病の
発症リスクが
上がるといわれて
います
でもそれは
アルツハイマー
病をそのまま
受け継いだ
わけでは
ありません
アポリポポリ
舌をかみそう

ε4を持っている
からといって
必ずアルツハイマー病に
なるわけではないです
逆に
持っていなくても
アルツハイマー病になる
こともある
APOEを自分が
持っているか
検査でわかるの？
わかると
思います
でも知って
どうするんですか？
持ってたと
わかっても
今現在
アルツハイマー病の
治療薬は
ありませんよ
!!
アルツハイマー病に限らず
他の治療薬のない病気の
遺伝子を持っているかは
知ればいいってもんじゃない
Before
知る!!
After
もやもや
いったん知ってしまうと
残りの人生を不安を抱えて
過ごすことになるかも――
そのことはちゃんと考えた
ほうがいいんじゃないですか？

確かにもし
自分が
APOE、
それもε4を
持っているって
わかったら!!
ガーンってなるだろう…
それからの毎日を
50代
今日も大丈夫だった…
60代
今日も大丈夫だった…
70代
今日も大丈夫だった
80代
もやもやと不安を抱えて過ごすのか〜〜
パチパチ
パチパチ
言っておきますが
急に
病気になるわけじゃありませんよ
ドカーンと
アルツハイマー病
だったら知らずに——
最近
食べたものが
思い出せなくて…
のほうが
いいな——
何とか遺伝子を
持ってたんだか
持ってなかったんだか
結局
検査
したん
だっけ?

※出典：厚生労働省
トメが85歳になる2050年は認知症患者が約800万人
85歳以上の約50％は認知症になると予測される※
2人に1人
グレーはどっちに入るのか？
もはや誰でもなる可能性がある
人ごとの病気ではない!!
でももし認知症になってもOKな社会だったら不安も減るし
私認知症って!!
ワハハハハ
オレもでも気にしない～
ワハハハ
わざわざ遺伝子を検査しようっていう気にはならないだろう
認知症になってもOKな社会って？
アルツハイマー型等認知症の原因となる病気の治療薬ができる
認知症患者の受け入れ施設、介護体制を拡充する
人々が認知症を理解し受け止める
ってこと!?
現実の社会は
安心して認知症になるにはほど遠い

生活習慣病も遺伝するの？

私が中学生の頃、母が突然宣言をした
お父さんが高血圧なので今後いっさいの塩分をカットします
トメの母
それを機にキッチンと食卓から塩が消える
魚は塩焼きではなくそのまま焼く
煮物 みそ汁 うすい
ゆで卵は何もかけずに食べる
コホコホ
黄身がむせる
スイカに塩なんて論外
「高血圧」というのは常に血圧が高い状態
血管に圧力がかかる
放っておくと動脈硬化になったり
心臓病!!
脳卒中!!
などなどのリスクが高まる
高血圧は遺伝するから
あなたもオトナになったら気をつけなさいよ
塩分ひかえ目!!
ふーん遺伝
中学生のトメ
うす味の食事には
いつの間にか慣れた

母の日々の努力もあって父は大きな病気をすることはなかった
トメの父88歳
私も今　血圧は正常
でも口はすっかりうす味
外食するとのどがかわくー
常に気にしてる
減塩しょうゆ
高血圧はホントに遺伝？
高血圧もだけど
糖尿病、肥満（メタボ）とか、いわゆる生活習慣病って遺伝するの？
塩分ひかえ目
でもテンプラは塩派
高血圧
糖尿病
肥満
そもそもこれらは免疫力を下げたりがんの進行をあおったり超悪者!!
その前に「糖尿病」ってどんな病気か知ってますか？
病名を知らない人はいないけど
え――っとおしっこが甘くなる？
飲んだことないけど
症状が進行するとなりますよ

「インスリン」というホルモンがカギです
タンパク質
ブオーーッ
食事をすると栄養の一部が「ブドウ糖」となって道路（血管）を通って細胞に運ばれる※
クール ブドウ糖便
ブドウ糖は細胞たちのエネルギーになるのだ
キーーッ
細胞たちが住む集合住宅
ブド
ク
ブドウ糖をお届けに来ました！
管理人室
このとき各部屋のドアのカギを開《あ》けるのが
インスリン
開けましたー

※P42「免疫は暴走する！」参照

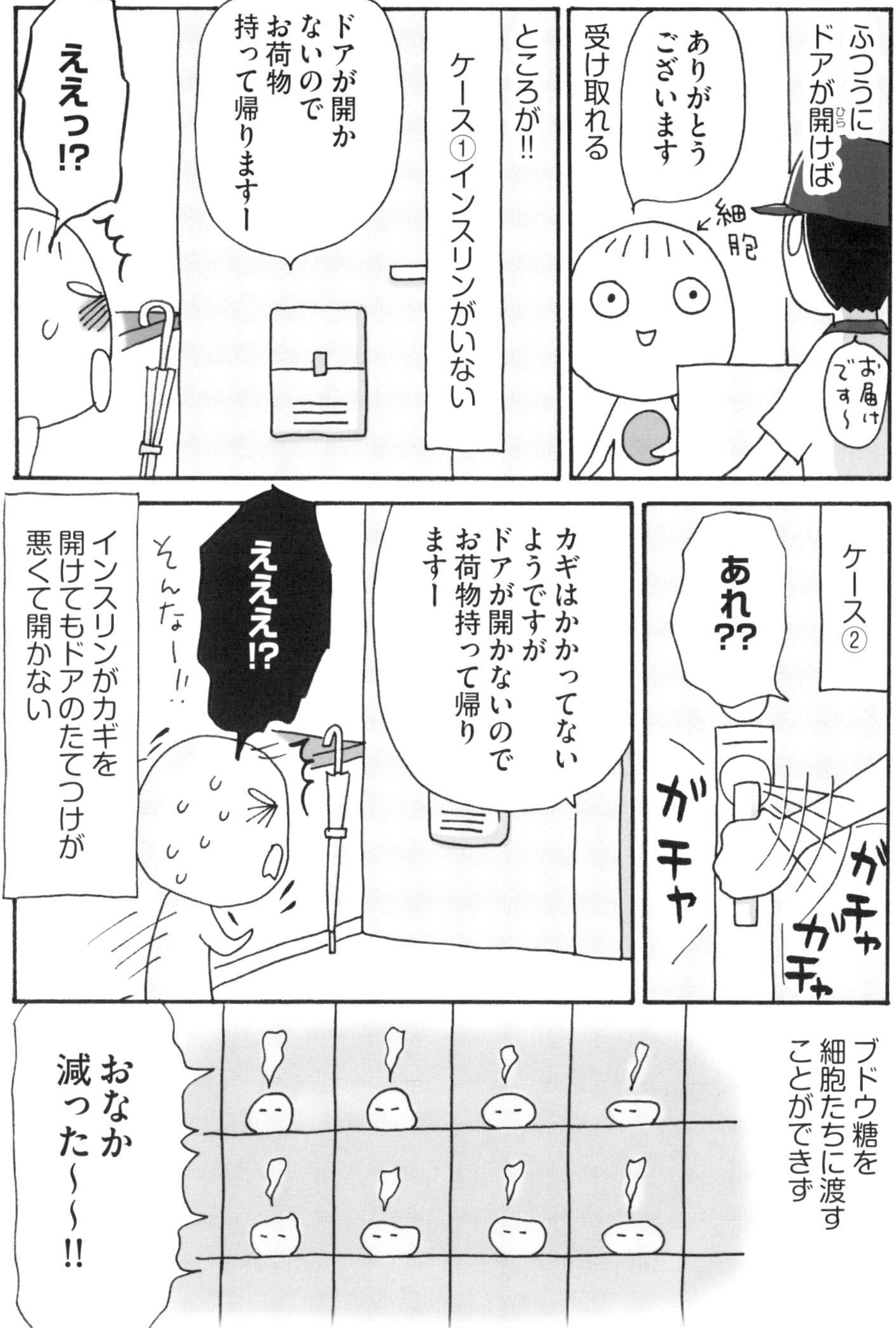
ふつうにドアが開《ひら》けば
お届けです〜
細胞
ありがとうございます
受け取れる
ところが!!
ケース①インスリンがいない
ドアが開かないのでお荷物持って帰りますー
ええっ!?
ケース②
あれ??
ガチャ
ガチャ
ガチャ
カギはかかってないようですがドアが開かないのでお荷物持って帰りますー
えええ!?
そんなー!!
インスリンがカギを開けてもドアのたてつけが悪くて開かない
ブドウ糖を細胞たちに渡すことができず
おなか減った〜〜!!

道路（血管）には、配達できなかったブドウ糖を運ぶトラックがあふれる
プップー
プー
この血管にブドウ糖（血糖）が多い状態が糖尿病
クール ブドウ糖便
ール
OOL ドウ糖便
糖尿病になると
リスク1 感染症にかかりやすくなる
リスク2 動脈硬化になりやすい
心臓病
脳卒中
リスク3 がん、歯周病、アルツハイマー病や骨粗鬆症になるリスクが上がる
放っておくと失明したり腎臓病、神経障害も起こります
「糖尿病」ってよく聞くから感覚がマヒしてるけどすごく恐ろしい病気なんだね
糖尿病が基礎疾患となって新型コロナを重症化させる例も多々あったよね

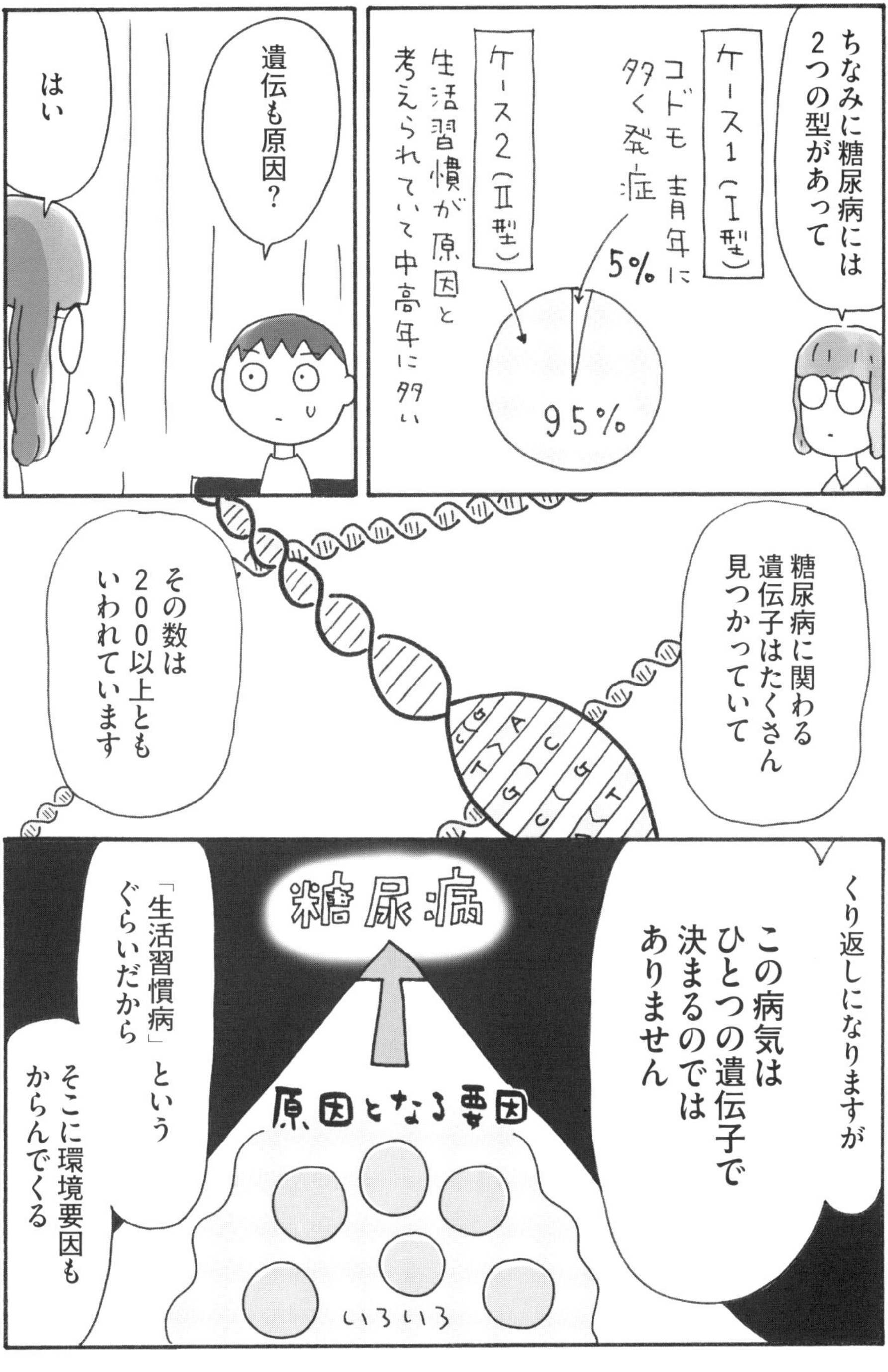

ちなみに糖尿病には2つの型があって
ケース1（Ⅰ型）
コドモ 青年に 多く発症
5%
ケース2（Ⅱ型）
生活習慣が原因と考えられていて中高年に多い
95%
遺伝も原因？
はい
糖尿病に関わる遺伝子はたくさん見つかっていて
その数は200以上ともいわれています
くり返しになりますが
この病気はひとつの遺伝子で決まるのではありません
糖尿病
原因となる要因
いろいろ
「生活習慣病」というぐらいだから
そこに環境要因もからんでくる

糖尿病Ⅱ型
インスリンが玄関の
カギを開けても
ドアのたてつけが
悪くなってて
開かないというのは
具体的には
運動不足
食べすぎ
肥満
不規則な食事
こういうことが
原因になっている
といわれている
やせてても
発症するって
聞くけど
じゃあ
どうすれば
かからない!?
がんにしても
アルツハイマー病に
しても
遺伝と
環境要因が
まざって!
食事・運動に
気をつければいいだけ〜?
もやもやする〜
……
どうしようも
ないかと…
君たち若いから…

3.

才能も性格も、努力はムダじゃない

双子と遺伝子

ジューッ
ジューッ
はい
できあがりっ
アマトリチャーナ
うわ…
おいしそう…
ワインも
持ってきました
よー
手ばやい…
ルカさんも
料理する？
ぶんぶん
あんまり
ピノ・
ノワール
Bourgogne
pinot noir
2019

アンさんの分じゃ――
私も持ってきました
ドン
ピノ・ノワール
MARSAN
ぐ、偶然…？
モグモグ
モグモグ
モグモグ

2人とも食べるタイミングと飲むタイミングが同じ！
…
まぁ…
行動一致は双生児に一番よく見られるといわれてますけど——
一卵性双生児ってDNAが全く同じなんだよね
ってことは遺伝子も
そうです
一卵性双生児
二卵性双生児
受精卵
分裂
DNA配列同じ
DNA配列一部異なる

双子は遺伝子研究の
かっこうの材料
離れててもお互いのピンチがわかったりする？
え!?
全然ないない！そんなの双子のファンタジーです
双子が登場する小説は実にたくさんある
ふたりのロッテ ケストナー
古都 川端康成
1973年のピンボール 村上春樹
本日は大安なり 辻村深月
悪童日記 クリストフ
ウェディングドレスはお待ちかね 赤川次郎
まあそんなピンチに遭ったことないけど
性格も全く違うし
何かと「片われ」って言われちゃうし
双子でいいことなんかない
一番近い存在と
常に比べられる

1人だったら
ルカちゃんバスケットうまいね好きなんだね――
で終わるのに
ルカちゃん算数得意なのにカイちゃんはー
ルカちゃん泳ぐの速いねでもカイちゃんはー
ルカ
どちらかのものさしをいちいちもう片方に当てられる
カイちゃん英語上手ねでもルカちゃんはー
カイちゃん走るの速いねでもー
カイ
さっき私も無意識にルカさんに「料理する？」って聞いたな…
ある同じ高校に通う男子の一卵性双生児の話
2人ともイケメン（もちろんそっくり）
弟
兄
ところが兄のほうが微妙にイケメン度が上で（世間の判断）
すると――
キラキラ
兄ばかりにイケメン認定
日が当たり
弟には
日が当たらない
弟だって　単独でいれば
じゅうぶんイケメン
キラキラ
こんなときは
もう――

環境を変えるしかない
比べられることもなく
自分が「双子」と意識することもない
場所へ――
…
…
カイ
知ってる？
え？
一卵性双生児の
DNAが
後天的に
変わっちゃう話

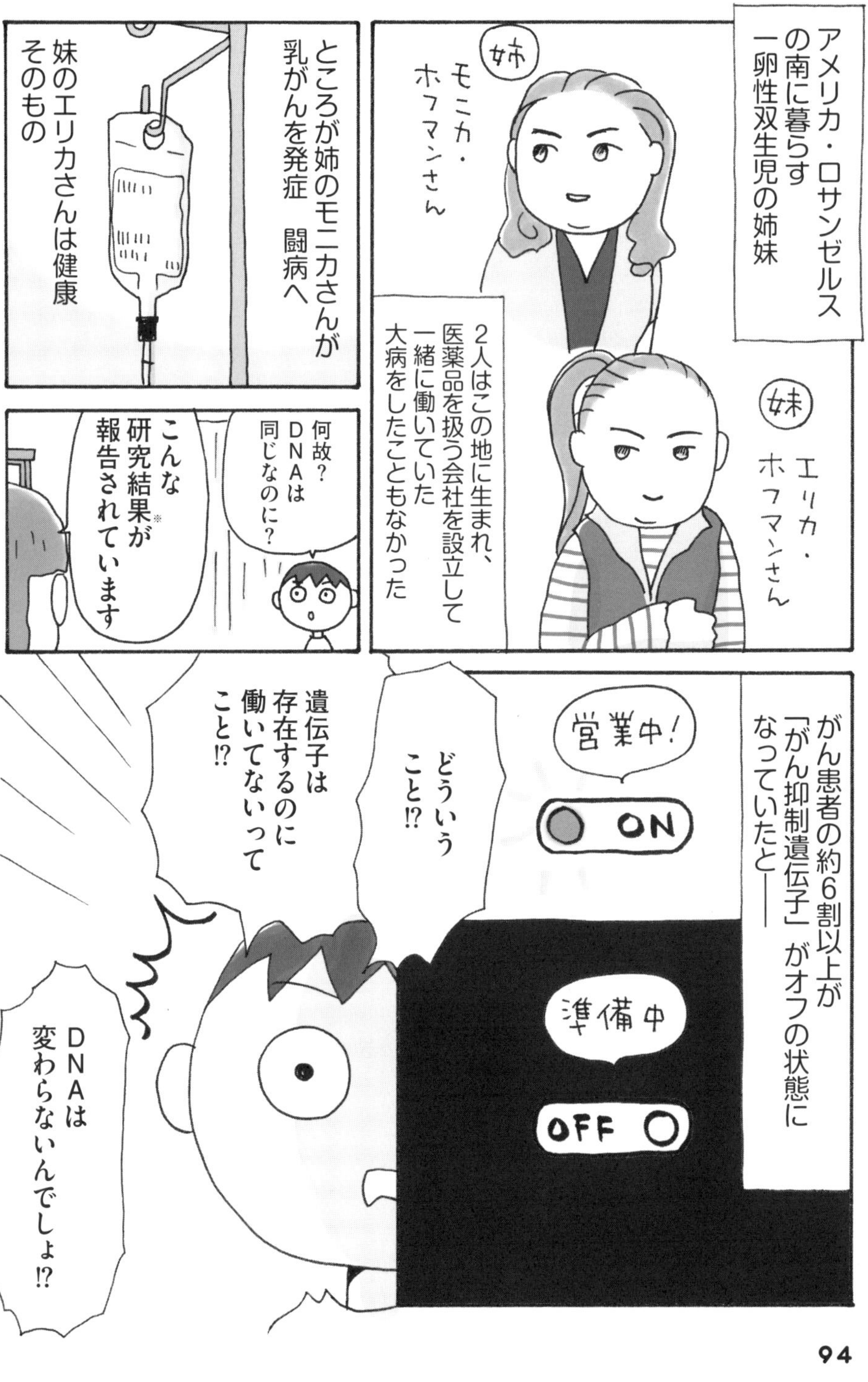
アメリカ・ロサンゼルスの南に暮らす一卵性双生児の姉妹
姉
モニカ・ホフマンさん
2人はこの地に生まれ、医薬品を扱う会社を設立して一緒に働いていた大病をしたこともなかった
妹
エリカ・ホフマンさん
ところが姉のモニカさんが乳がんを発症　闘病へ
妹のエリカさんは健康そのもの
何故？ DNAは同じなのに？
こんな研究結果※が報告されています
がん患者の約6割以上が「がん抑制遺伝子」がオフの状態になっていたと――
営業中！
ON
準備中
OFF
どういうこと!?
遺伝子は存在するのに働いてないってこと!?
DNAは変わらないんでしょ!?

※ジョンズ・ホプキンズ大学　スティーブン・ベイリン教授

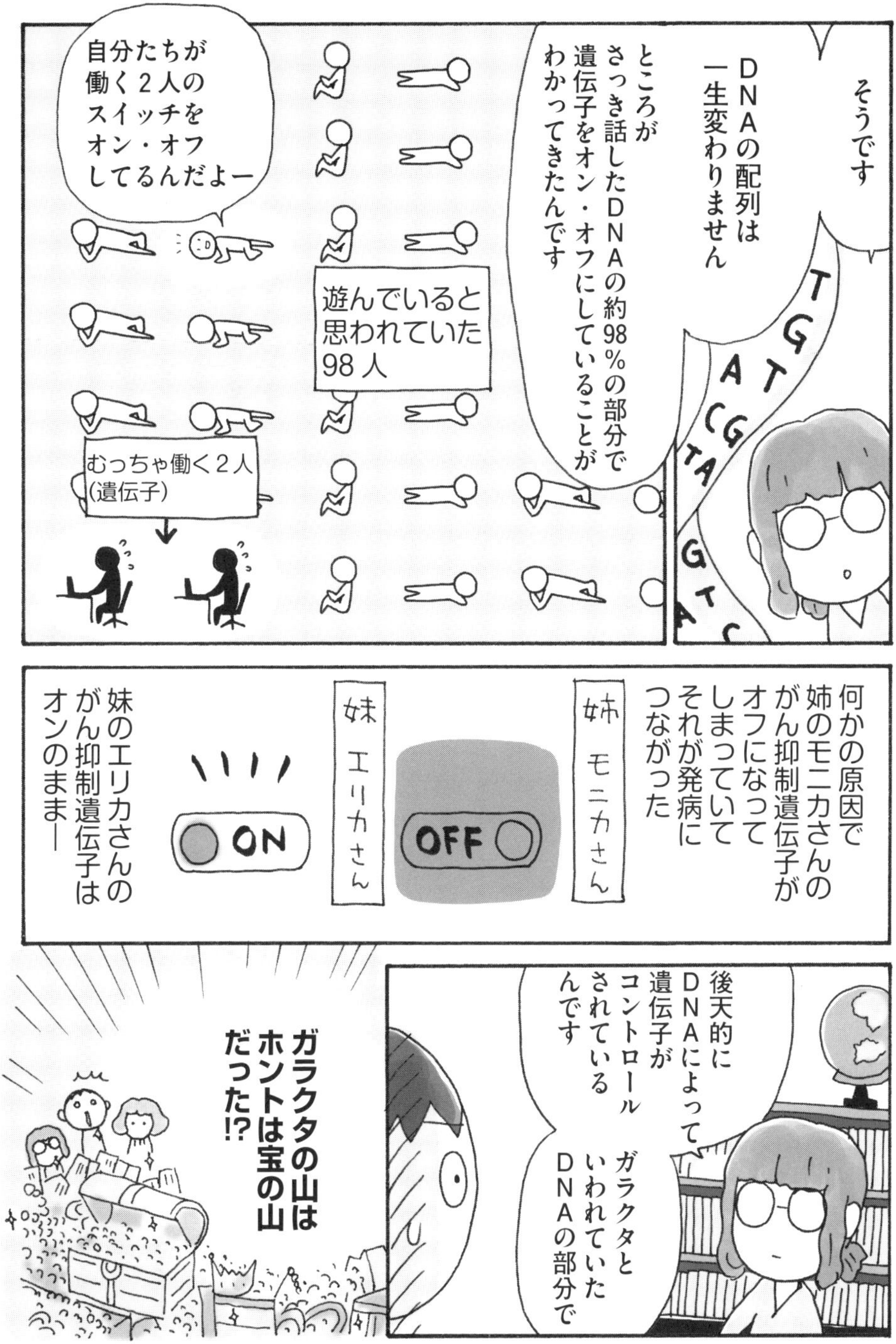

そうです
DNAの配列は一生変わりません
TGATCGTA
GATC
ところがさっき話したDNAの約98%の部分で遺伝子をオン・オフにしていることがわかってきたんです
自分たちが働く2人のスイッチをオン・オフしてるんだよー
遊んでいると思われていた98人
むっちゃ働く2人(遺伝子)
何かの原因で姉のモニカさんのがん抑制遺伝子がオフになってしまっていてそれが発病につながった
姉 モニカさん
OFF
妹 エリカさん
ON
妹のエリカさんのがん抑制遺伝子はオンのままー
後天的にDNAによって遺伝子がコントロールされているんです
ガラクタといわれていたDNAの部分で
ガラクタの山はホントは宝の山だった!?

遺伝子の働きは後天的に変わる？

コポ
コポ
トメさん
コーヒーに
ミルクか
砂糖は？
あ ありがとう
でも
私飲めないんだ
へぇー
そうなん
ですね
持っている
カフェインの
分解酵素の
量が少ないん
でしょうか？
カフェインの
分解酵素？
タンパク質の
一種ですが
持っている量に
個人差があります
たくさん持っていれば
コーヒーを飲んでも
早く分解できる
少ない人はそんなに
たくさんコーヒーを
飲めない
その酵素を
作る設計図が
遺伝子にあります

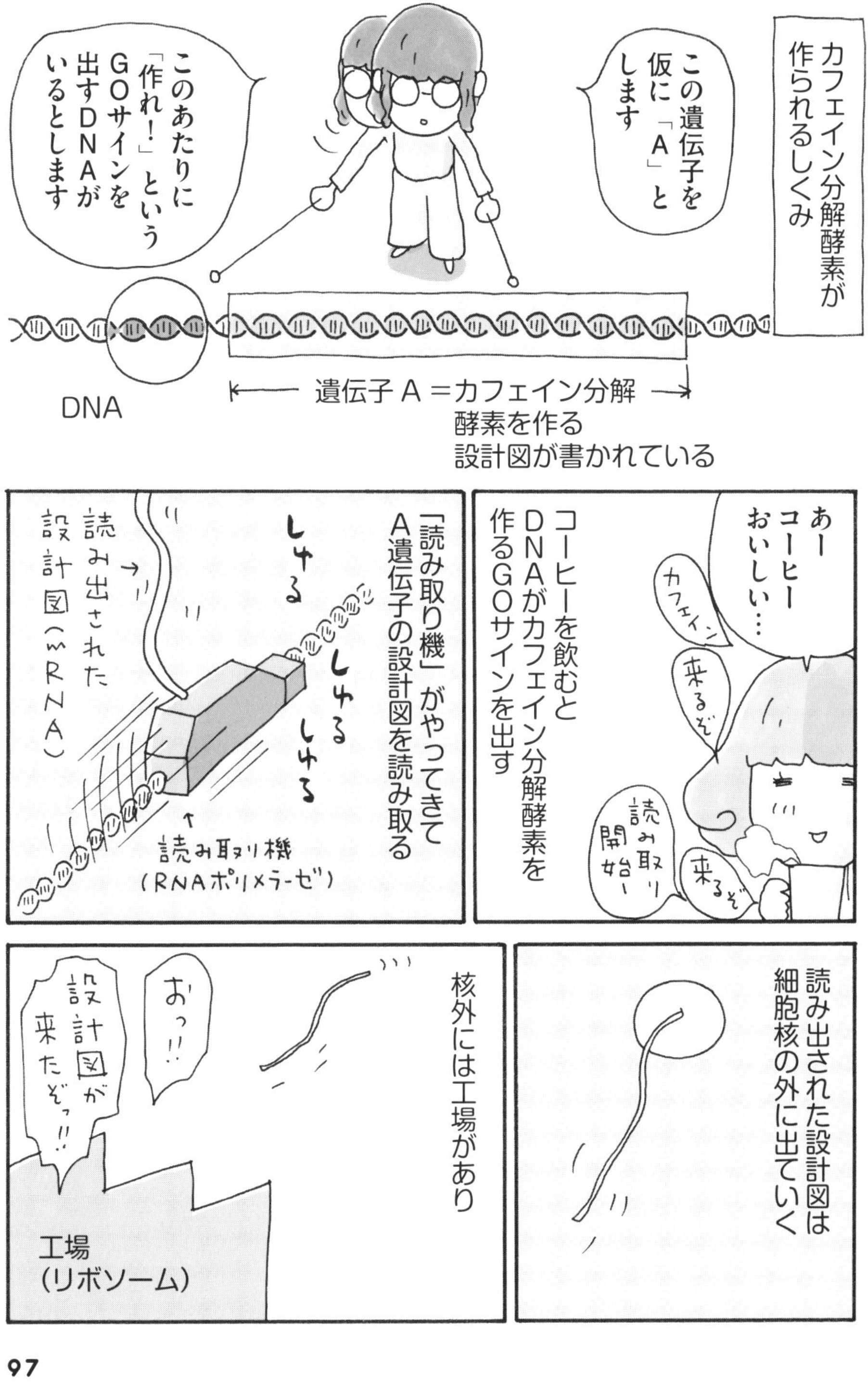

カフェイン分解酵素が作られるしくみ
この遺伝子を仮に「A」とします
このあたりに「作れ！」というGOサインを出すDNAがいるとします
DNA
遺伝子A＝カフェイン分解酵素を作る設計図が書かれている
あーコーヒーおいしい…
カフェイン
来るぞ
読み取り開始ー
来るぞ
コーヒーを飲むとDNAがカフェイン分解酵素を作るGOサインを出す
「読み取り機」がやってきてA遺伝子の設計図を読み取る
しゅる
しゅる
しゅる
しゅる
読み出された設計図（mRNA）
読み取り機（RNAポリメラーゼ）
読み出された設計図は細胞核の外に出ていく
核外には工場があり
おっ!!
設計図が来たぞっ!!
工場（リボソーム）

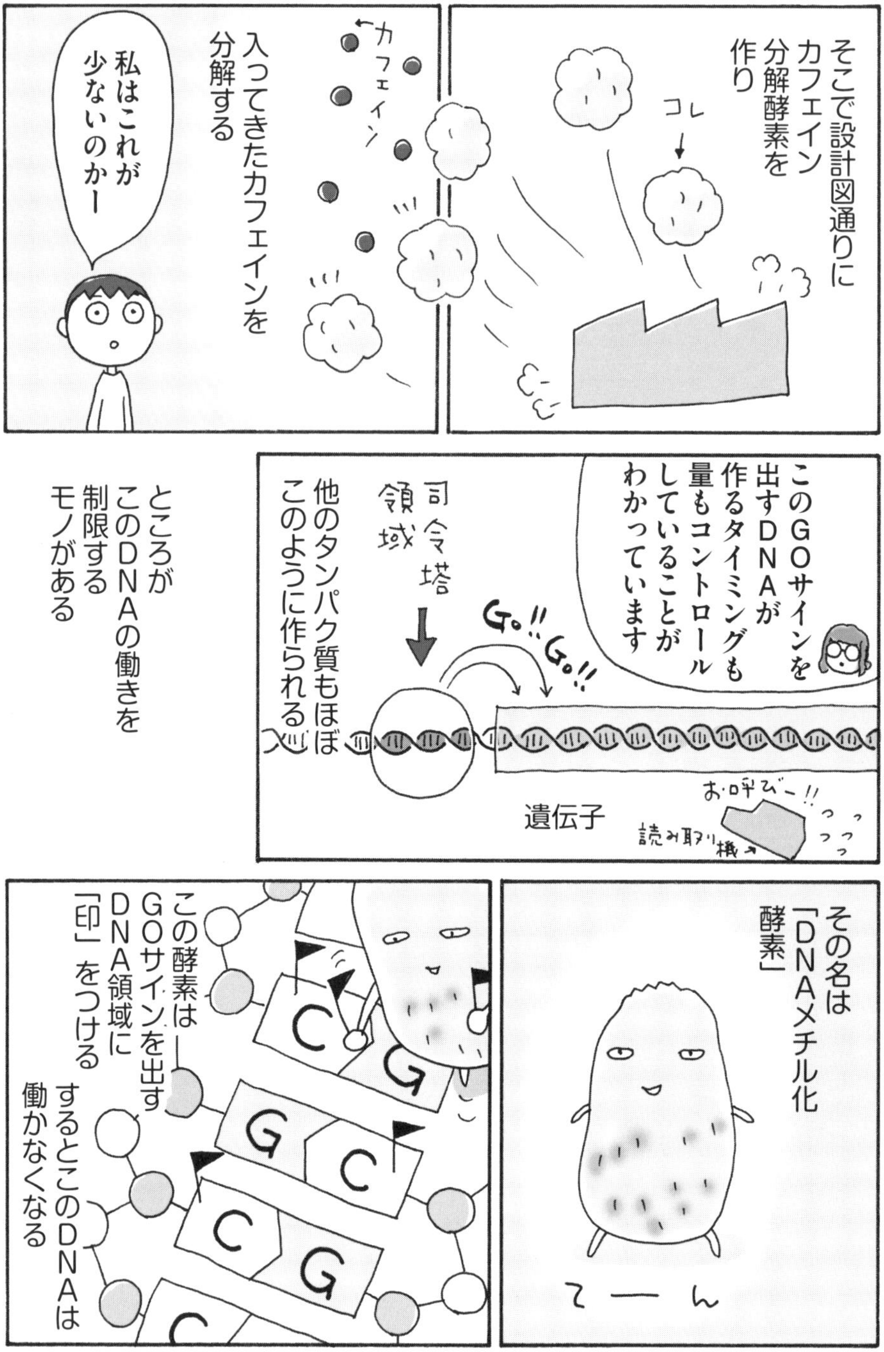
そこで設計図通りにカフェイン分解酵素を作り
コレ
入ってきたカフェインを分解する
カフェイン
私はこれが少ないのかー
このGOサインを出すDNAが作るタイミングも量もコントロールしていることがわかっています
司令塔領域
GO!! GO!!
他のタンパク質もほぼこのように作られる
遺伝子
お呼びー!!
読み取り機
ところがこのDNAの働きを制限するモノがある
その名は「DNAメチル化酵素」
てーん
この酵素はGOサインを出すDNA領域に「印」をつける
するとこのDNAは働かなくなる
C G G C C G C

GOサインが出ないから遺伝子も動かない
しーーん…
休業中
読み取り機も働けない
設計図があっても作れないんだ
そうなんです
これを「DNAメチル化」といいます
まるで「DNAのスイッチ」がオンとオフに切り替えられるように
通常
営業中
ON
メチル化状態
準備中
OFF
何でこんな「オン・オフ」が必要なの？
それはですねー
私が説明しましょう
トメさんヒトはひとつの細胞がスタートですよね？
うん
受精卵
これが母胎の中で分裂をくり返し手や足などになっていく
細胞はみんな同じDNAを持っているのに何故手や目、足など別のものになると思いますか？
髪
目
耳
爪
筋肉
手
脚
足

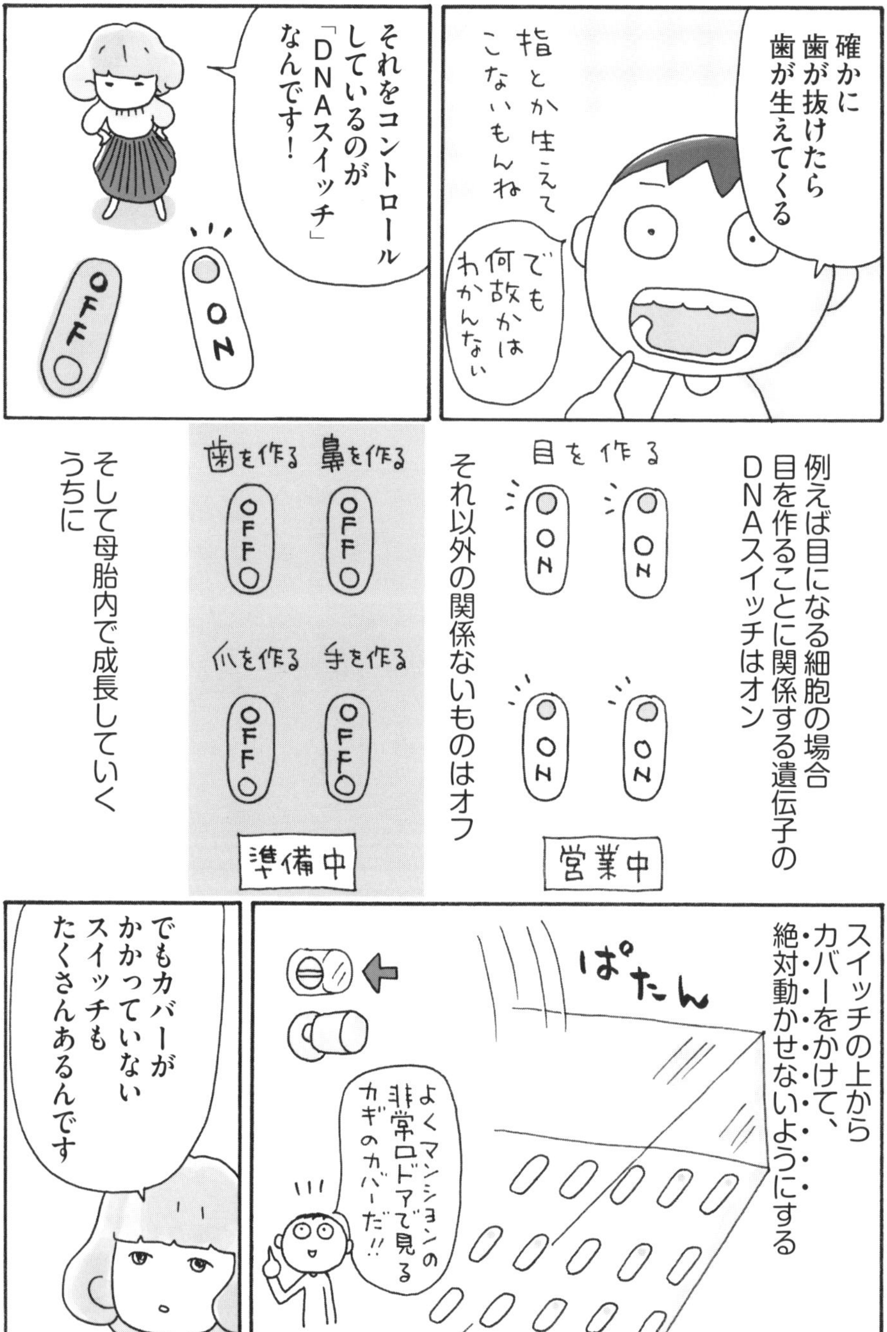

確かに
歯が抜けたら
歯が生えてくる
指とか生えて
こないもんね
でも
何故かは
わかんない
それをコントロール
しているのが
「DNAスイッチ」
なんです!
ON
OFF
例えば目になる細胞の場合
目を作ることに関係する遺伝子の
DNAスイッチはオン
目を作る
ON
ON
ON
ON
営業中
それ以外の関係ないものはオフ
歯を作る
鼻を作る
OFF
OFF
爪を作る
手を作る
OFF
OFF
準備中
そして母胎内で成長していく
うちに
スイッチの上から
カバーをかけて、
絶対動かせないようにする
ぱたん
よくマンションの
非常口ドアで見る
カギのカバーだ!!
でもカバーが
かかっていない
スイッチも
たくさんあるんです

あっ!!
もしかして
私がコーヒーを
飲めないのって!!
20代の頃から
コーヒーが大好き
20代のトメ
1日3杯は
飲んでいた
ところが
15年前
突然!!
コーヒーを飲むと
キモチ悪くなる
何らかの
原因で
カフェイン分解
酵素を作る
遺伝子の
DNAスイッチが
OFF
準備中
分解酵素が作られなく
なったからコーヒーを
飲めなくなったとか
突然飲めなく
なったんです
ね…
カバーのかかっていない
DNAのスイッチは
生活習慣によって
オン・オフできる
ことも
わかってきている
ON
OFF
OFF
ON
さっきいったとおり
がん患者の中で
約60%が
「がん抑制遺伝子」の
DNAスイッチが
オフになっている
という報告も——
OFF
そっか!

そのスイッチをオンにするような薬の開発も進んでいるらしいです
カンタンに言うけど
そんなことできるんだっ!!
見当つかずっ
それにしてもDNAスイッチっていわゆる「ジャンク」と思われていた領域にあるものでしょ?
そうです
それって一見仕事ができなそうな社員が
スミマセンスミマセン
実は裏では巨大な組織をあやつっているラスボスだった!!
98%ジャンクといわれたDNA
働く遺伝子 2%
ってこと?
一番さえない奴が黒幕――
手垢がつきまくった設定ですね
たとえるなら、ふだんは女物の着物を着た遊び人が実は剣豪でいざというときにみんなを助ける…
酒
『浮浪雲《はぐれ》』!?
渋いな～っっ!!

それにしても
たくさんの小さきものが
搭載されたこのカラダ
まるで
カラダの中に
宇宙がある感じ
DNAのスイッチによって
遺伝子の働きを
後天的に変えるしくみを
専門用語で
エピジェネティクス
Epigenetics
後天的にスイッチを
オン・オフされたゲノムを
エピゲノム
Epigenome
エピ…
ちなみに
パンの
「エピ」は
「麦の穂」という
意味です
ベーコンが入っているの
同じ
「エピ」でも
違う意味
なんだ!!
このしくみは
ヒトをもっと過酷な
場所でも生きて
いけるよう
手助けをするのか?
という実験が
実際にNASAで
行われた

遺伝子は「持っている」ではなく「働いている」がポイント

NASAが「双子研究」を行っている
一卵性双生児、そして宇宙飛行士
でもあるこのケリー兄弟
弟
スコット・ケリー氏
NASA
兄
マーク・ケリー氏
NASA
2015年-2016年に
行われた実験では
スコットさんは340日間
※ISSに滞在
LIMIT
km/h
マークさんは地球に残って
地上勤務
宇宙に滞在した
スコットさんの
DNAの変化を見るのだ
後の分析で
スコットさんの変化
したDNAスイッチの
数は
9000
以上
その中での着目点は
「DNAの損傷を
修復する」スイッチ
ON
と
「骨を作る物質を
増やす」スイッチ
ON
がオンになっていた
ことであると
発表された

※国際宇宙ステーション

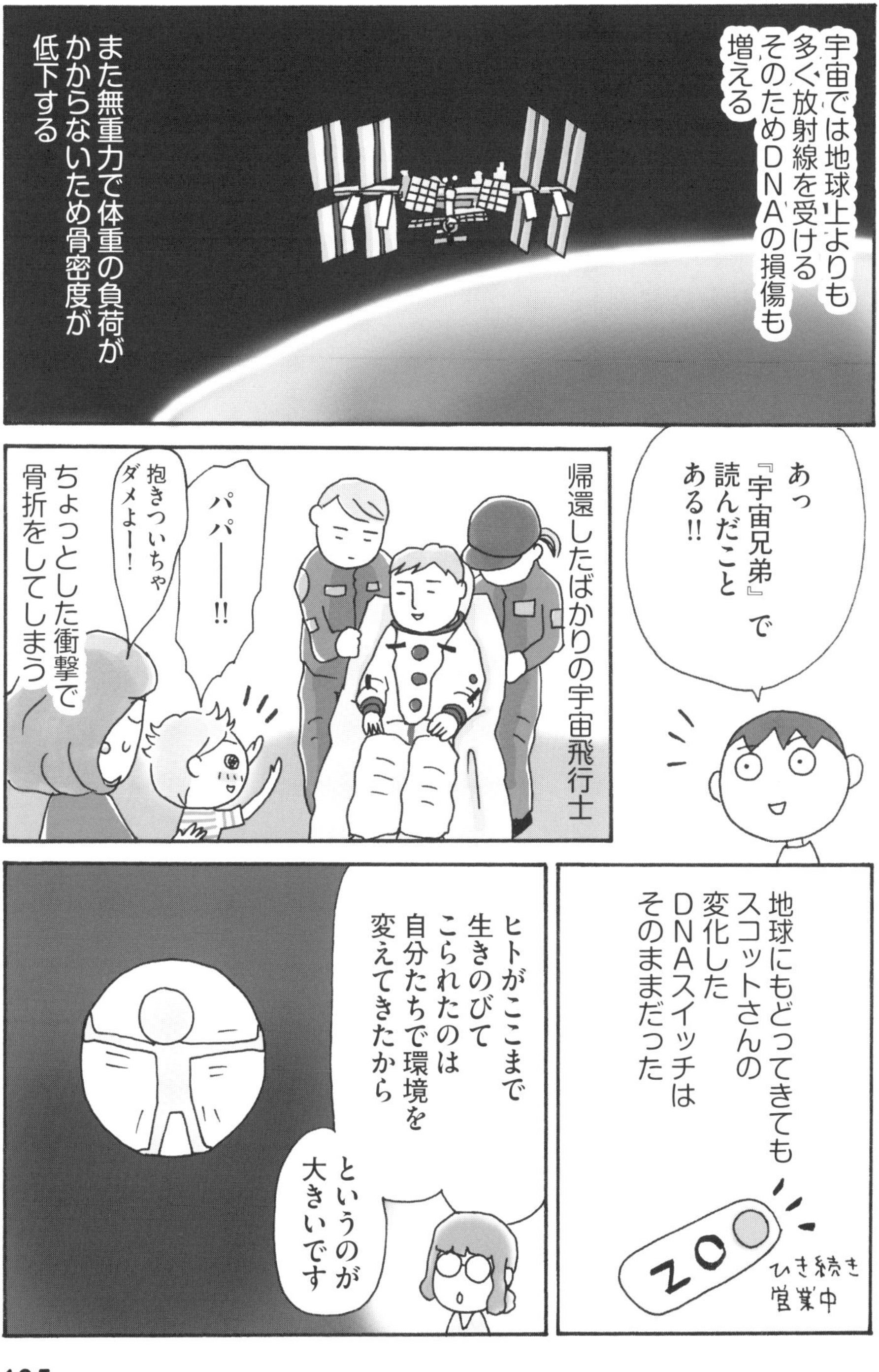

宇宙では地球上よりも多く放射線を受けるそのためDNAの損傷も増える
また無重力で体重の負荷がかからないため骨密度が低下する
あっ『宇宙兄弟』で読んだことある!!
帰還したばかりの宇宙飛行士
パパ――!!
抱きついちゃダメよー!
ちょっとした衝撃で骨折をしてしまう
地球にもどってきてもスコットさんの変化したDNAスイッチはそのままだった
ZO
ひき続き営業中
ヒトがここまで生きのびてこられたのは自分たちで環境を変えてきたから
というのが大きいです

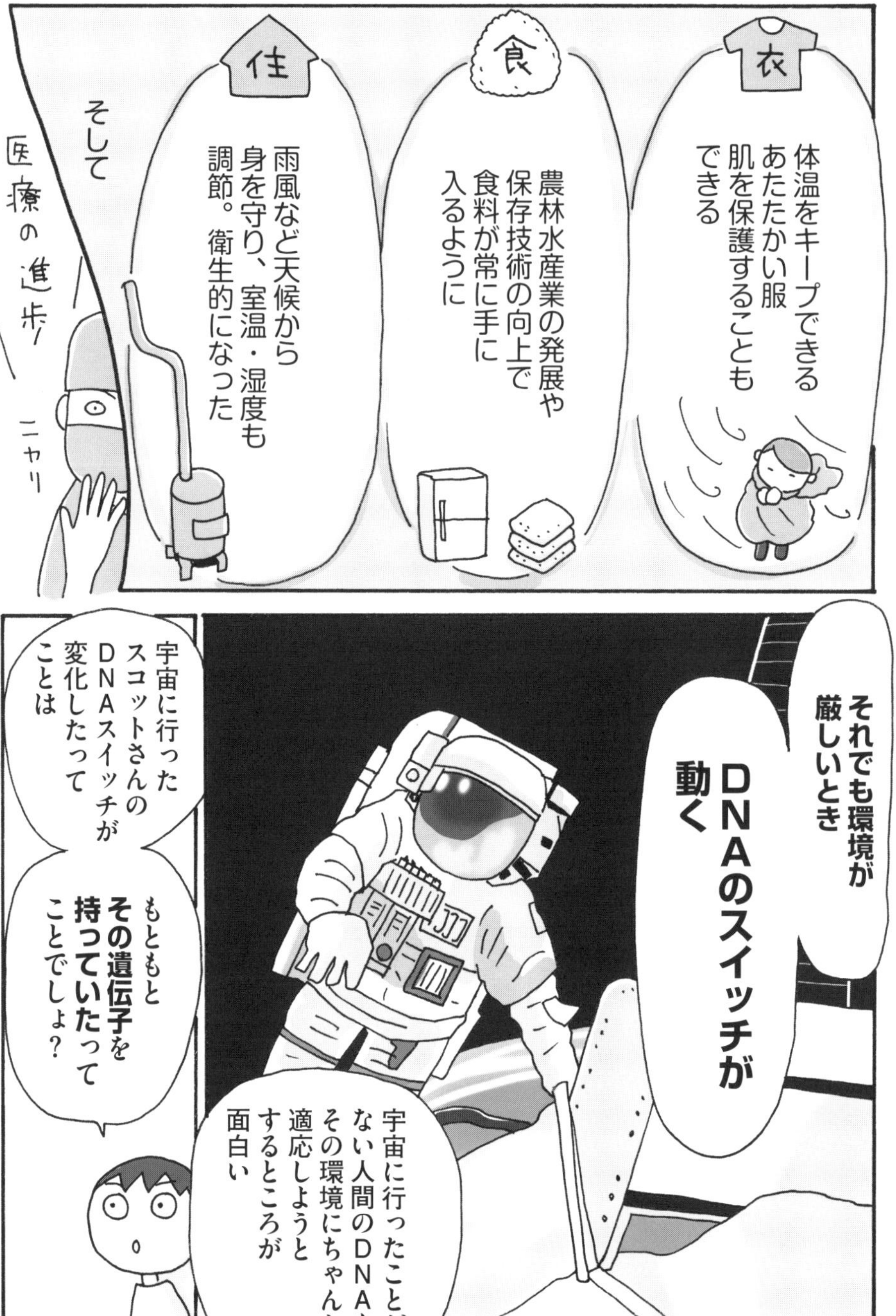
衣
体温をキープできるあたたかい服
肌を保護することもできる
食
農林水産業の発展や保存技術の向上で食料が常に手に入るように
住
雨風など天候から身を守り、室温・湿度も調節。衛生的になった
そして
医療の進歩
ニヤリ
それでも環境が厳しいとき
DNAのスイッチが動く
宇宙に行ったことがない人間のDNAもその環境にちゃんと適応しようとするところが面白い
宇宙に行ったスコットさんのDNAスイッチが変化したってことは
もともとその遺伝子を持っていたってことでしょ？

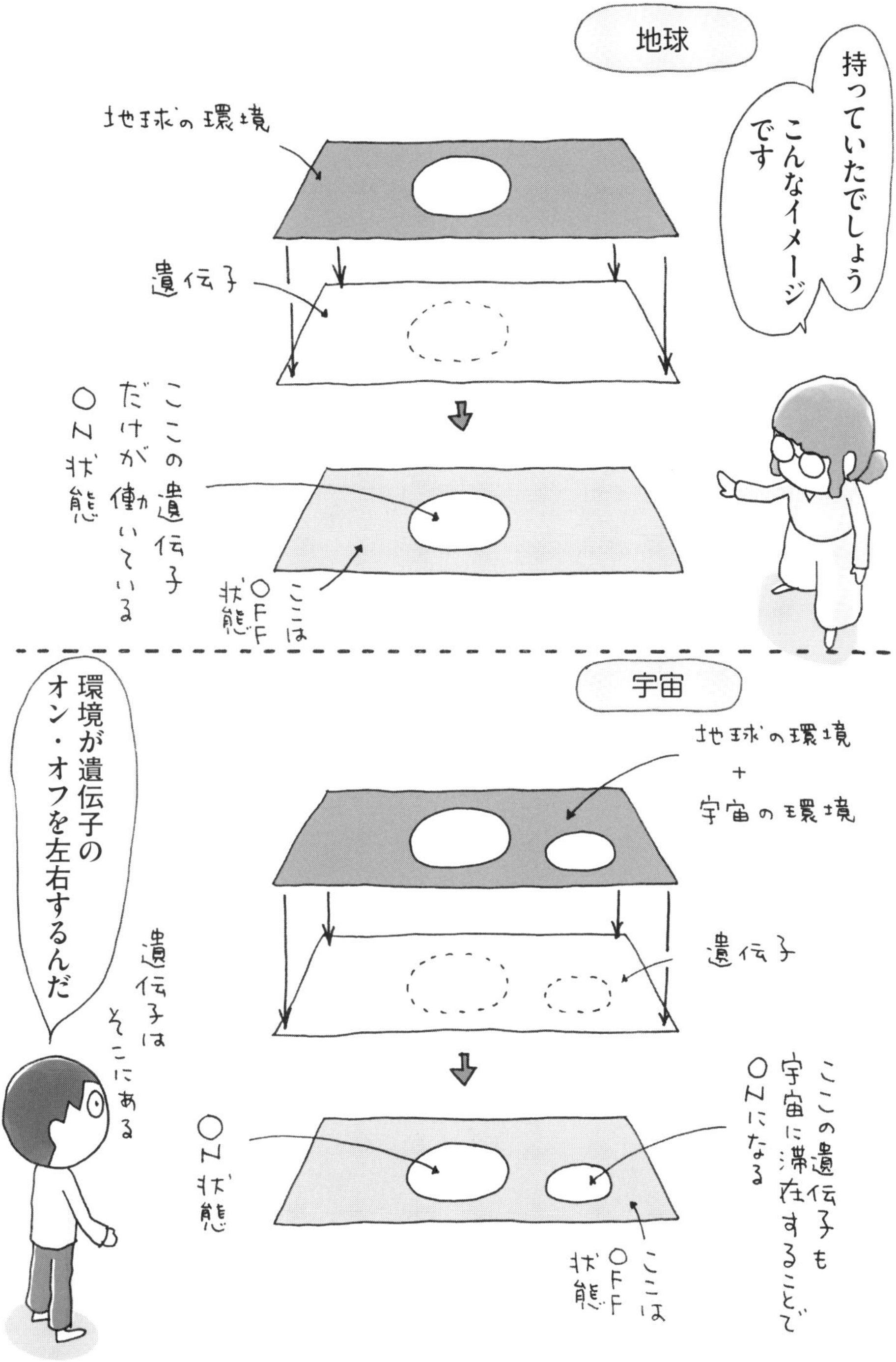
地球
持っていたでしょう
こんなイメージ
です
地球の環境
遺伝子
ここの遺伝子だけが働いている
ON状態
ここはOFF状態
宇宙
地球の環境
+
宇宙の環境
遺伝子
ここの遺伝子も宇宙に滞在することでONになる
ON状態
ここはOFF状態
環境が遺伝子のオン・オフを左右するんだ
遺伝子はそこにある

遺伝子が
働くことを
「発現する」と
言うよね
1次元の
設計図から
3次元の
物質が
現れ出る
これが遺伝子が
働くということ
できた
タンパク質
存在しているけど
オフになっている
遺伝子は
たくさんあります
ん――ん……
スイッチが
カバーされている
ものでなければ
これから
発現する
可能性はあります
まだ自分の中には
眠ったままの遺伝子が
たくさんあるのか
これから
何の遺伝子が
どれだけオンに
なるのか…
DNAっていうと
手脚が長い
鼻が高い
目がぱっちり
お酒が強い
頭が小さい
コツコツ努力ができる
持っている
持っていない
ということ
ばかり考え
てたけど

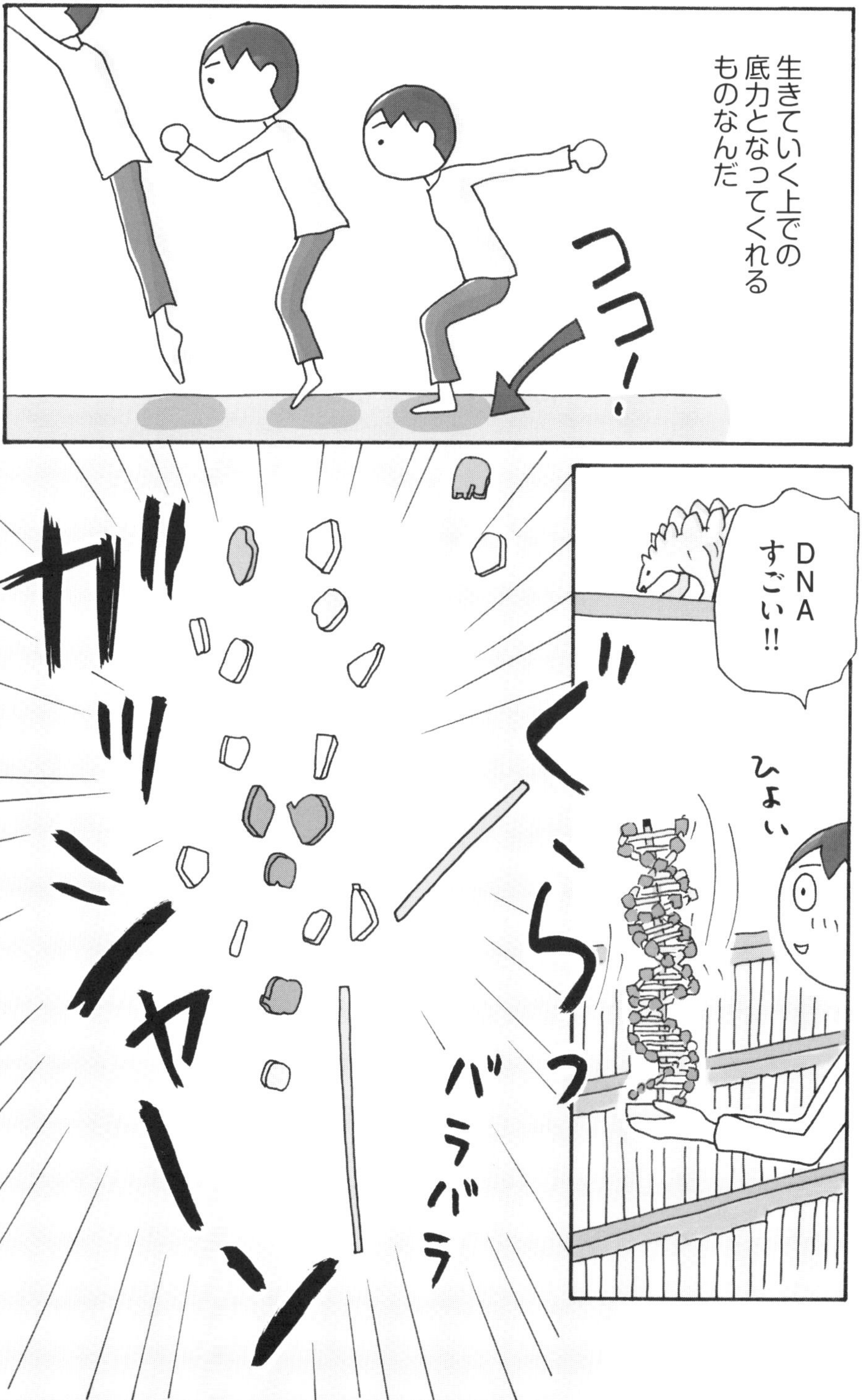
生きていく上での
底力となってくれる
ものなんだ
ココー！
DNA
すごい!!
ひょい
ぐらっ
ガッシャーン
バラバラ

ご、ごめん!!
ちょっと持っただけなのに
いいんです
それ元から壊れてるんです

えっ!?
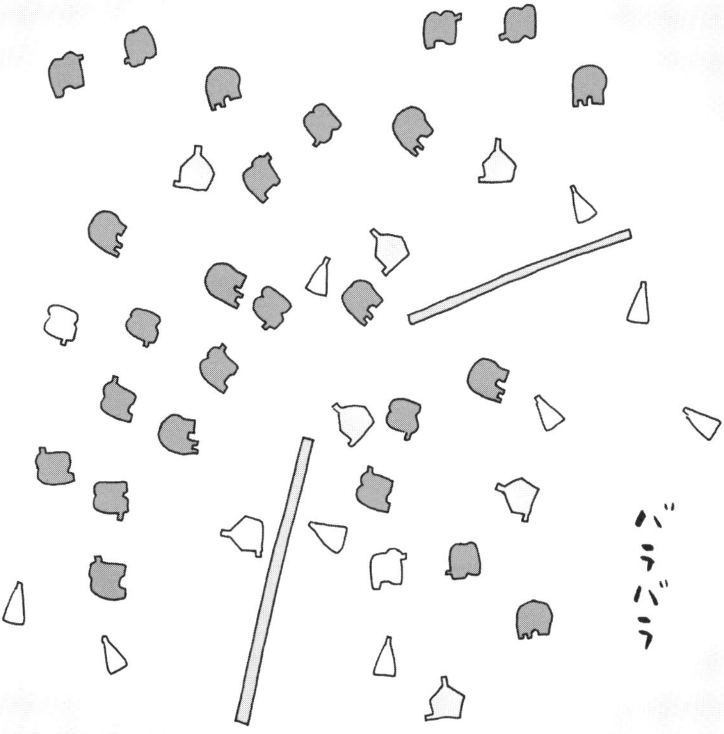
バラバラ

双子が違う環境で育ったら

・・・
えーん
えーん
カイ?
また泣いてるの?
えーん
えー・・
誰に泣かされたの?
私が仕返ししてやるっ
ルカ…
カイ
ルカ
生まれたときからいつも一緒だった同じ顔の分身
親が同じ服を着せるから
線対称

姉のルカはものおじせず何でもハッキリものを言った
また一を聞けば十わかる要領のよさがあった
妹のカイはもの静かでいつもルカの後ろにかくれるような子だった
で、ついたあだ名がオセロ
白
ルカ
黒
カイ
今と全然違う〜

でも年齢を重ねるにつれて——

お姉さんのルカさんは数学得意なのに…
50
あれー ルカはバスケうまいのに…
バゴン

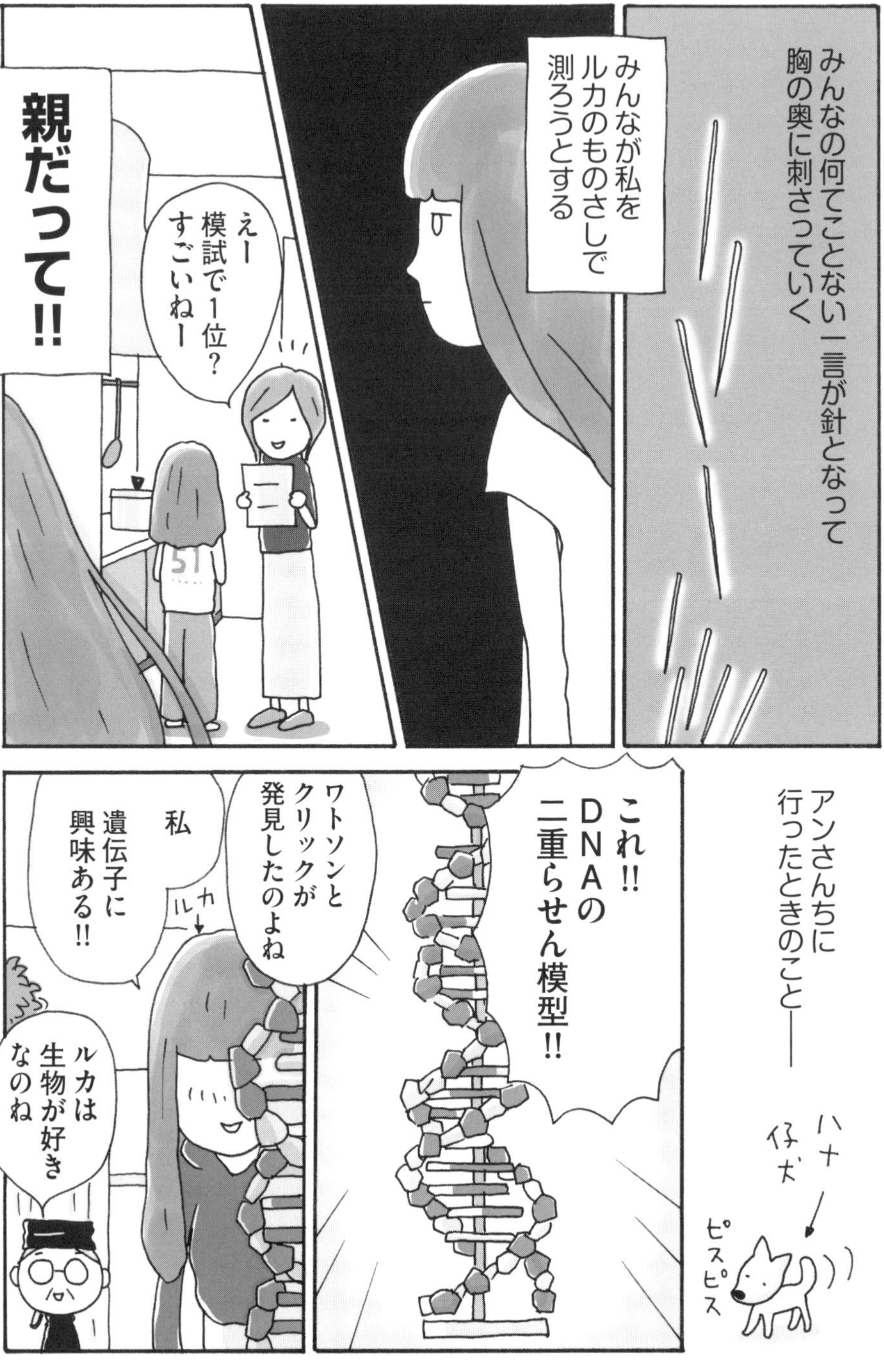

みんなの何てことない一言が針となって胸の奥に刺さっていく
みんなが私をルカのものさしで測ろうとする
えー模試で1位？すごいねー
親だって!!
アンさんちに行ったときのこと——
ハナ 仔犬
ピスピス
これ!! DNAの二重らせん模型!!
ワトソンとクリックが発見したのよね
私 遺伝子に興味ある!!
ルカ
ルカは生物が好きなのね

え⁉
カイ！
ガッ
パーン

ポロポロポロポロ
数日後アンさんから
一冊の本が送られてきた
エピジェネティクス
生まれつきの遺伝子の
DNA上の塩基は
変化しないが、
遺伝子の働き方は、
環境によって後天的に
変化する

ここを出よう！
海外がいい
誰とも
比べられない場所へ!!
猛勉強し
親を説得し
単身
ロンドンの高校へ
そこには多種多様な
人がいて、他の人のものさしで
測られることはなかった
自分が
自分でいて
いい場所!!
ムクッ
ハナ?

カラカラカラ
カラ・・
ただいまー
ふり
ふり
アンさん!?
何で
庭から!?
チャイムが鳴らなかった
みたいだから
まあまあ
ルカもカイも
大きくなって!!

アンさん!!
わあっ
わぁ
最中～♪
ガチガチ
今日は「エピジェネティクス」の講演だったのよ
いろんな先生から最新の話を聞けたわ
懐かしい顔にも会えたし

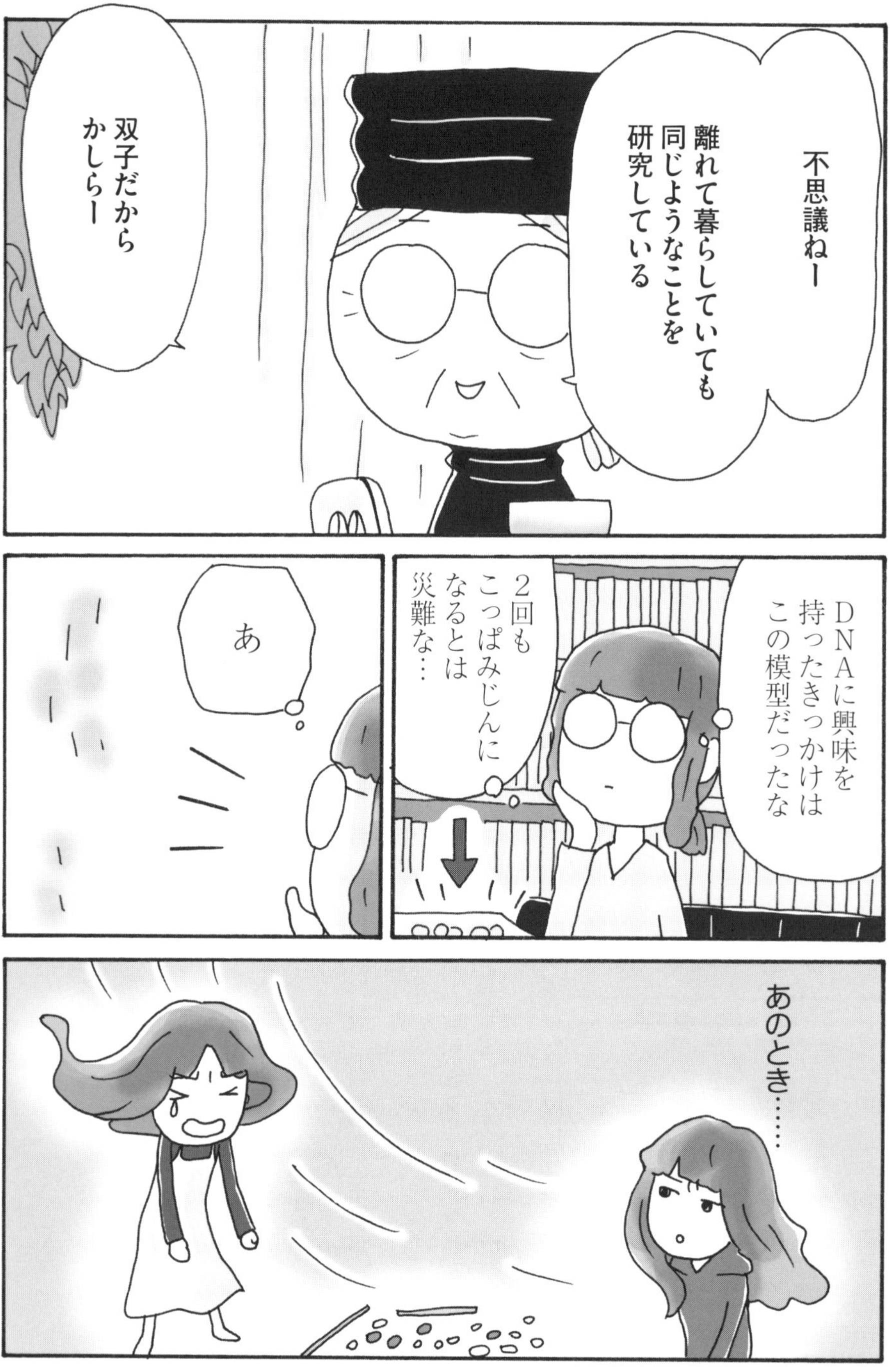
不思議ねー
離れて暮らしていても同じようなことを研究している
双子だからかしらー
DNAに興味を持ったきっかけはこの模型だったな
2回もこっぱみじんになるとは災難な…
あ
あのとき……

トメさん…
これは双子の不思議現象かも――
カイが模型を壊したとき
コトバを介さずに
カイの悲しみが――
一気に押し寄せてきた
カイが泣いてる
カイが泣
カイが泣いて
泣かせたのは誰？
カイが泣いて
カイ
ごめんカイ
気がついてあげられなくて
あのときからずっと言いたかった

おかあさん
カイがロンドンに行ったあとよく泣いてた
心配で――
あなたたちがまだ小さかった頃おかあさんに聞いたことがあるの
私から見たら娘
こんなにそっくりなのに間違えることはないの？って
そうしたらこう答えたわ

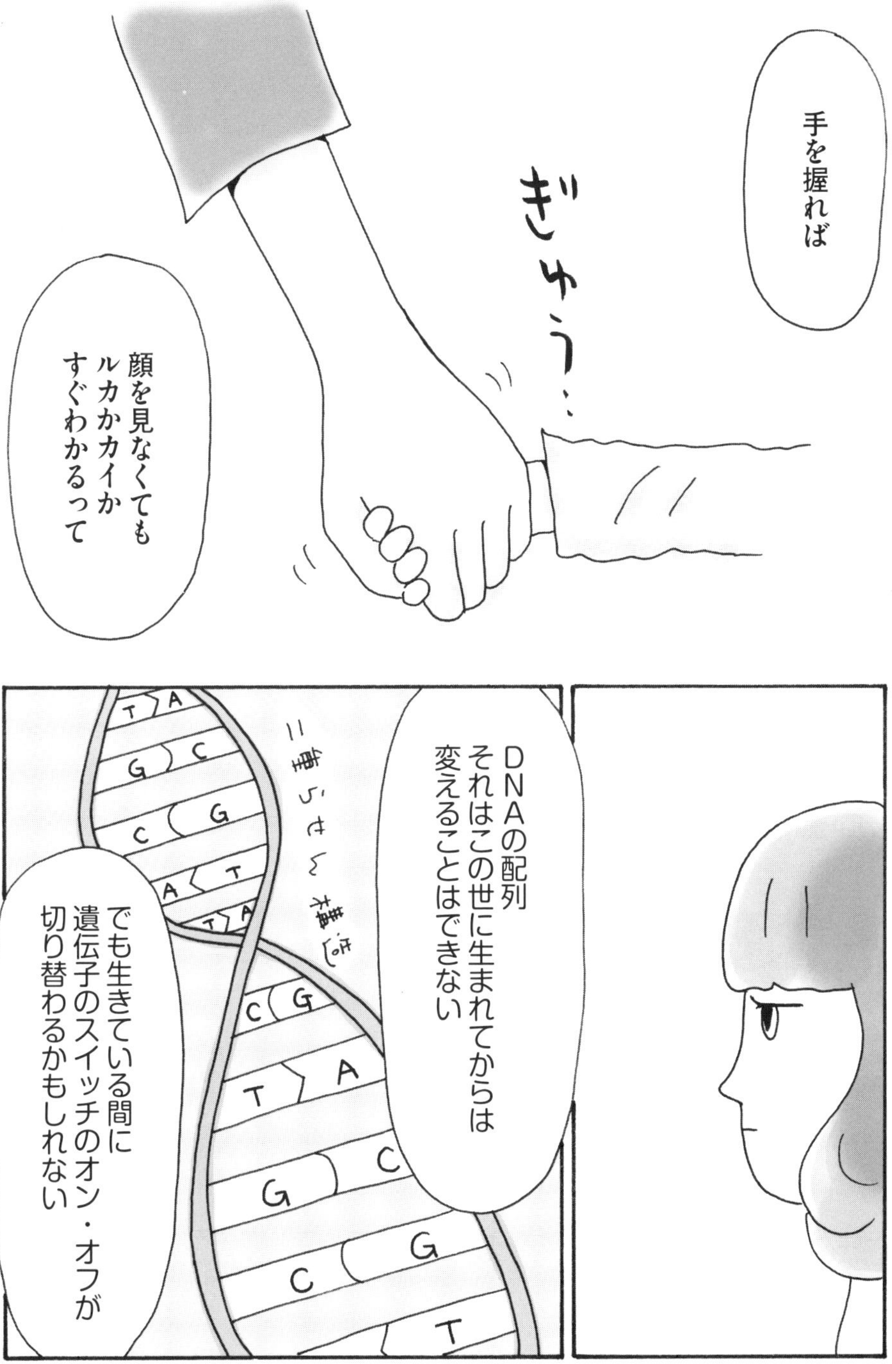
手を握れば
ぎゅう…
顔を見なくても
ルカかカイか
すぐわかるって
DNAの配列
それはこの世に生まれてからは
変えることはできない
二重らせん構造
でも生きている間に
遺伝子のスイッチのオン・オフが
切り替わるかもしれない

コントロールできるかはわからないけど
そのスイッチは確かに自分の**カラダの中にある!**
運命は生まれつき遺伝子によって決められているから変えられないって言う奴は**クソくらえ!**よ
遺伝子の情報は生きている間に上書きされるんだから
ねえルカ
私たちは同じDNAでスタートしたけど人生は全然違うよね
運命だって違う!
…
うん
この先
カラダや病気なんかも遺伝子だけでは決まらない

生きてさえ いれば
運命は 変わる――
ふ…
ふふふふ
アンさん ルカさんの おみやげのワイン がありますよ
あら いいわね
スポンッ

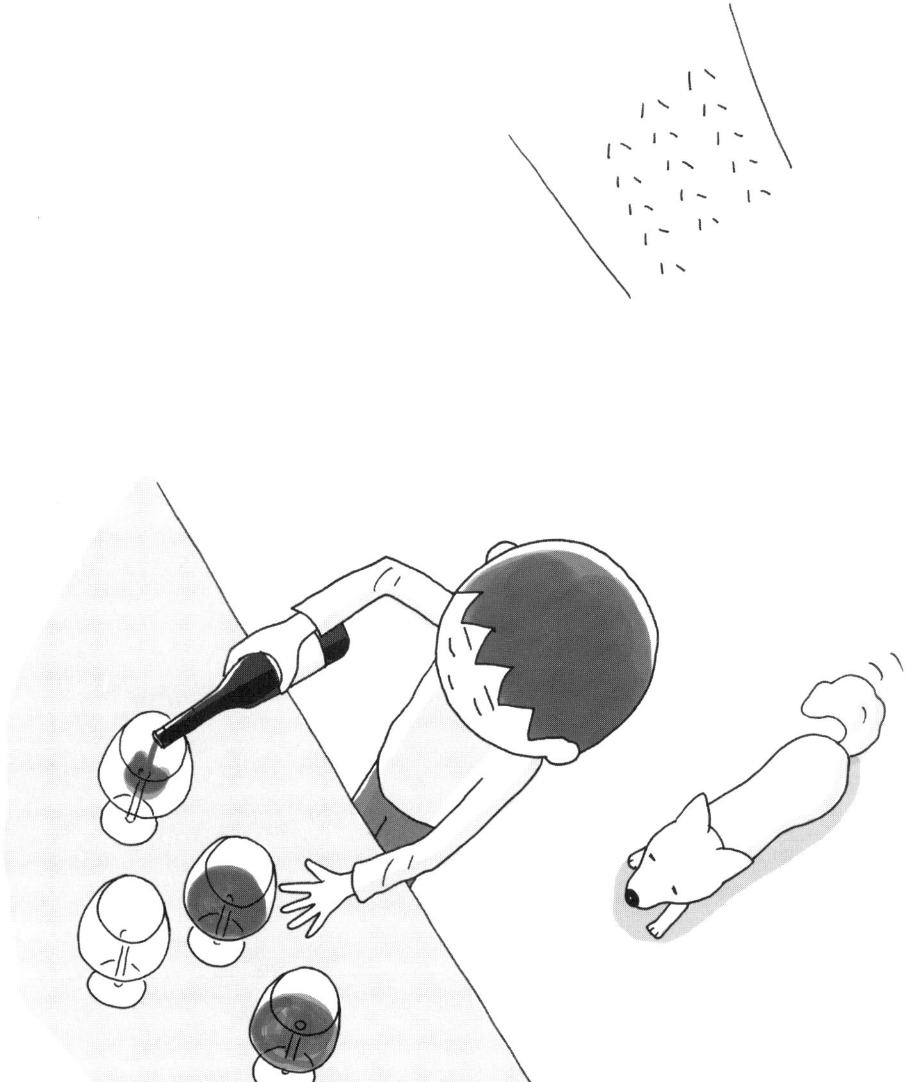

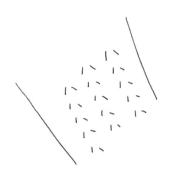

4.

遺伝子はわたしたちを応援してくれる

ウイルスが遺伝子に組み込まれて進化する

うつら
うつら
せっせっ
せっせっ
模型を修復中
ここではこーんなに大きいけど
実際は目に見えないほど小さいんだよねー
はい 肉眼では見えません
小さいといえばウイルスもですね
ウイルスの大きさは
ヒトを地球とすると
ヒトの赤ちゃんほど
身長160cm

そんなに小さいのに地球上の人間界に大影響
今は超悪者扱いだよね
SARS-COV-2
でもウイルスって本当に悪者なの？
シャーッ
細菌だって人間にとっていいものも悪いものもあるし――
ホントはよろしくね
実はヒトのDNAの半分近くは**ウイルスやウイルスらしきもの**に由来していると いわれています
!!
「ウイルス化石」のことよね

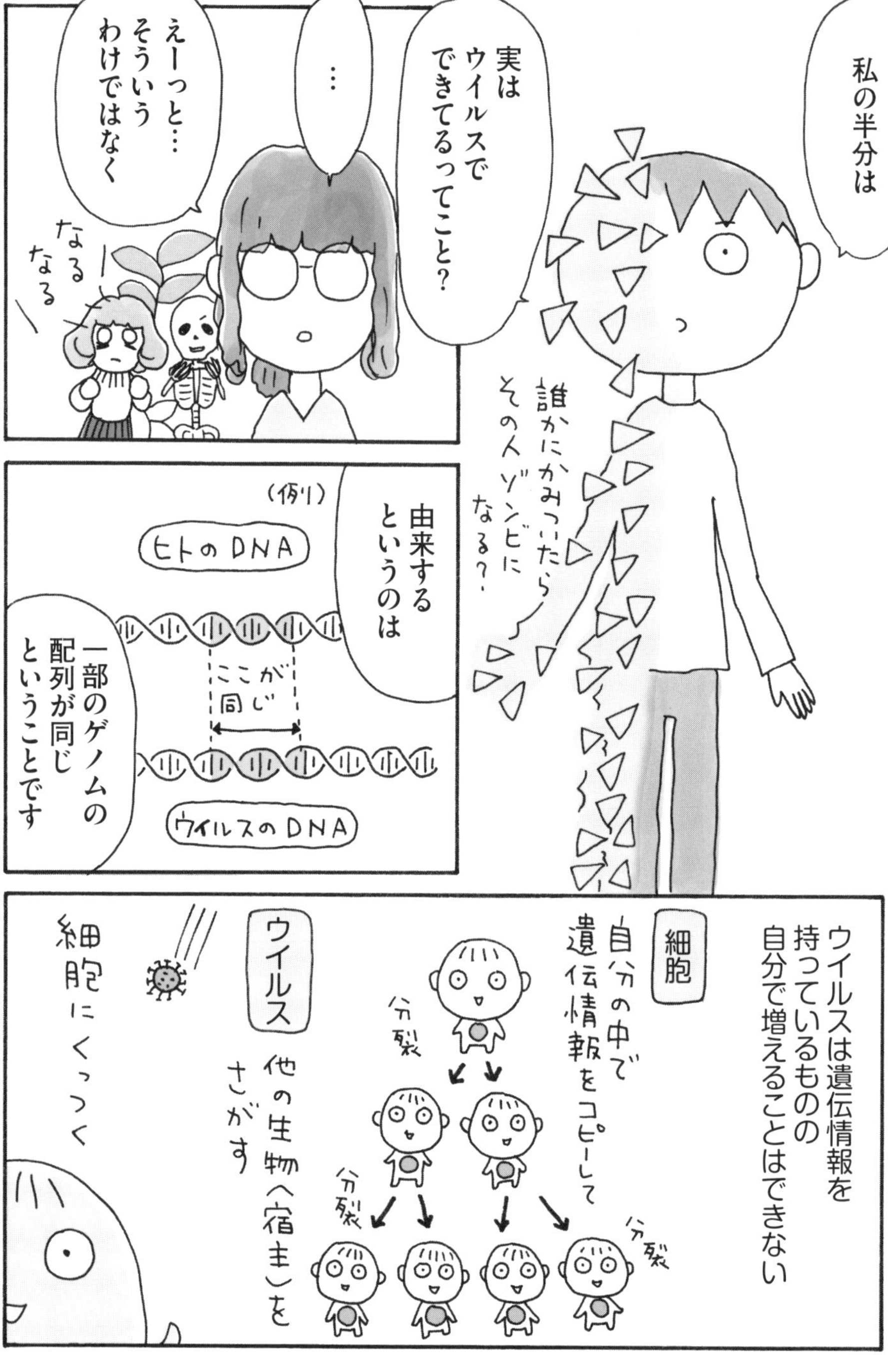
私の半分は
誰かにかみついたら
その人ゾンビになる？
実はウイルスでできてるってこと？
…
えーっと…そういうわけではなく
なるなる
由来するというのは
（例）
ヒトのDNA
ここが同じ
ウイルスのDNA
一部のゲノムの配列が同じということです
ウイルスは遺伝情報を持っているものの自分で増えることはできない
細胞
自分の中で遺伝情報をコピーして
分裂
分裂
分裂
ウイルス
他の生物（宿主）をさがす
細胞にくっつく

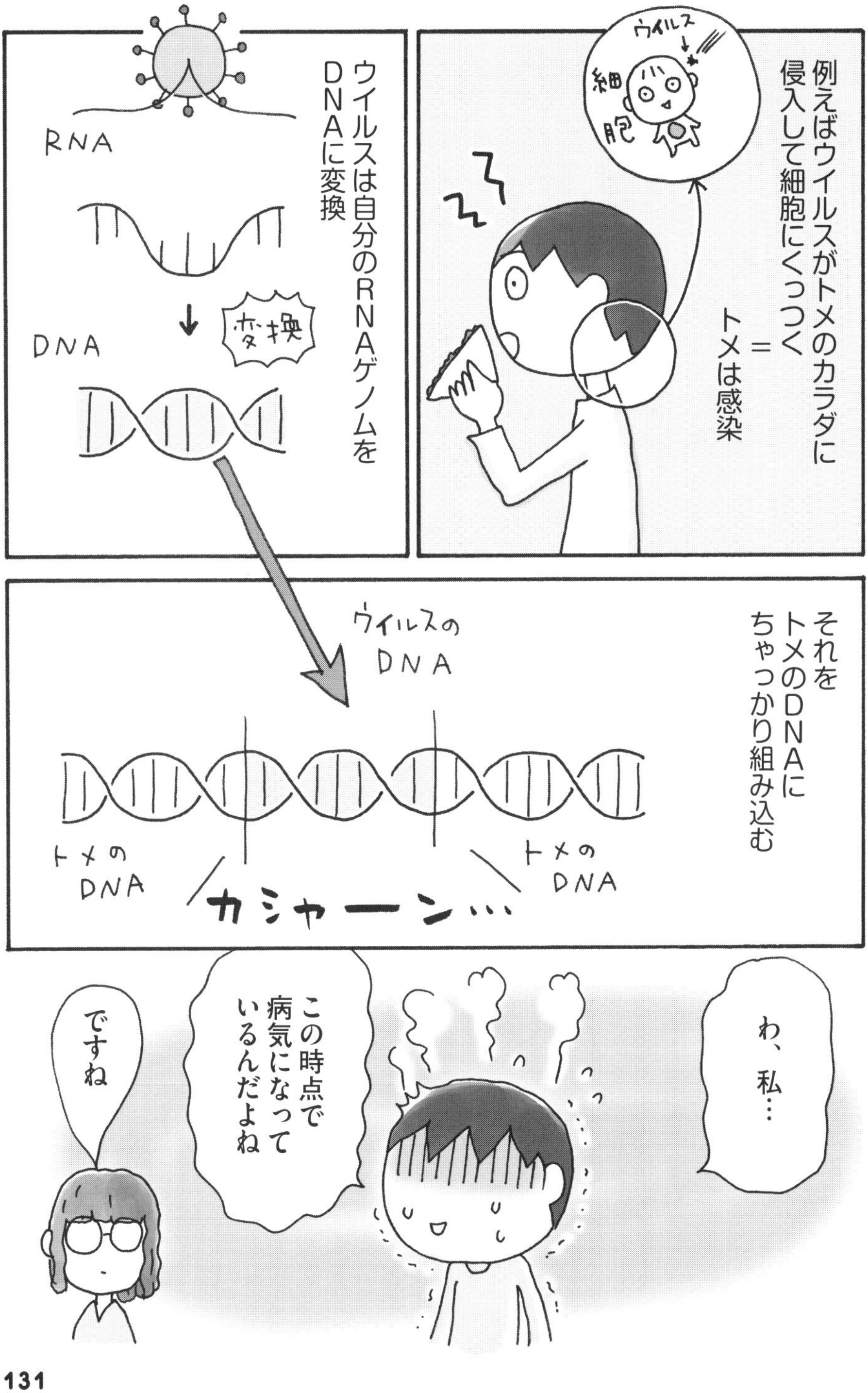

例えばウイルスがトメのカラダに侵入して細胞にくっつく
＝
トメは感染
ウイルス
細胞
ウイルスは自分のRNAゲノムをDNAに変換
RNA
変換
DNA
それをトメのDNAにちゃっかり組み込む
ウイルスのDNA
トメのDNA
トメのDNA
カシャーン…
わ、私…
この時点で病気になっているんだよね
ですね

組み込まれたウイルスの遺伝子は生物に定着し、後世に伝わっていく
やがて「ウイルス化石」となり宿主を守るようになる
想像図
「ウイルス化石」の宿主へのメリットは3つあるという説があります
①免疫力を上げる
②生物の進化を助ける
③ウイルスの感染または病気の発症を抑える
①免疫力を上げる
病原体が近づいてくるといちはやく気がつき
はっ
「番犬遺伝子」と呼ばれる免疫遺伝子を起こし
ガン
ガーン
ガンガン
みんな!!
起きて!!
敵だー!!
番犬遺伝子
病原体を寄せつけない
ワン
ワン
ワン
ワン
ワン
ワン
あわわわ
②生物の進化を助ける
胎盤を持つ哺乳類の場合妊娠すると
胎児側
母体側
2つの胎盤をしっかり結合させなくてはいけない

この2つの胎盤の細胞をしっかりくっつけるもの――
ひとつに融合
これは約2500万年前の感染で獲得した「ウイルス化石」といわれています
えらい昔…
③ウイルスの感染または病気の発生を抑える「ボルナウイルス」の化石は
ヒト
ゲノムの中に入っている
馬・羊・鳥など
ゲノムの中に入っていない
現在のボルナウイルスに感染すると
ヒト
へっちゃら病気にならない
馬・羊・鳥など
重い神経症状が出る
ボルナウイルスの化石がこのウイルスの感染、または病気の発症を抑えているという説が報告されています
ウイルスは悪いイメージが先行するけど
メリットもたくさんあるんだ!!
でしょー
そうです宿主とウイルスは共生している
ウインウインなんです
ウイルス
大きさは無視してます
でもふつうの感染レベルじゃあ何代にもわたってゲノムに定着しないでしょ?
ウイルス化石にならない
つまり

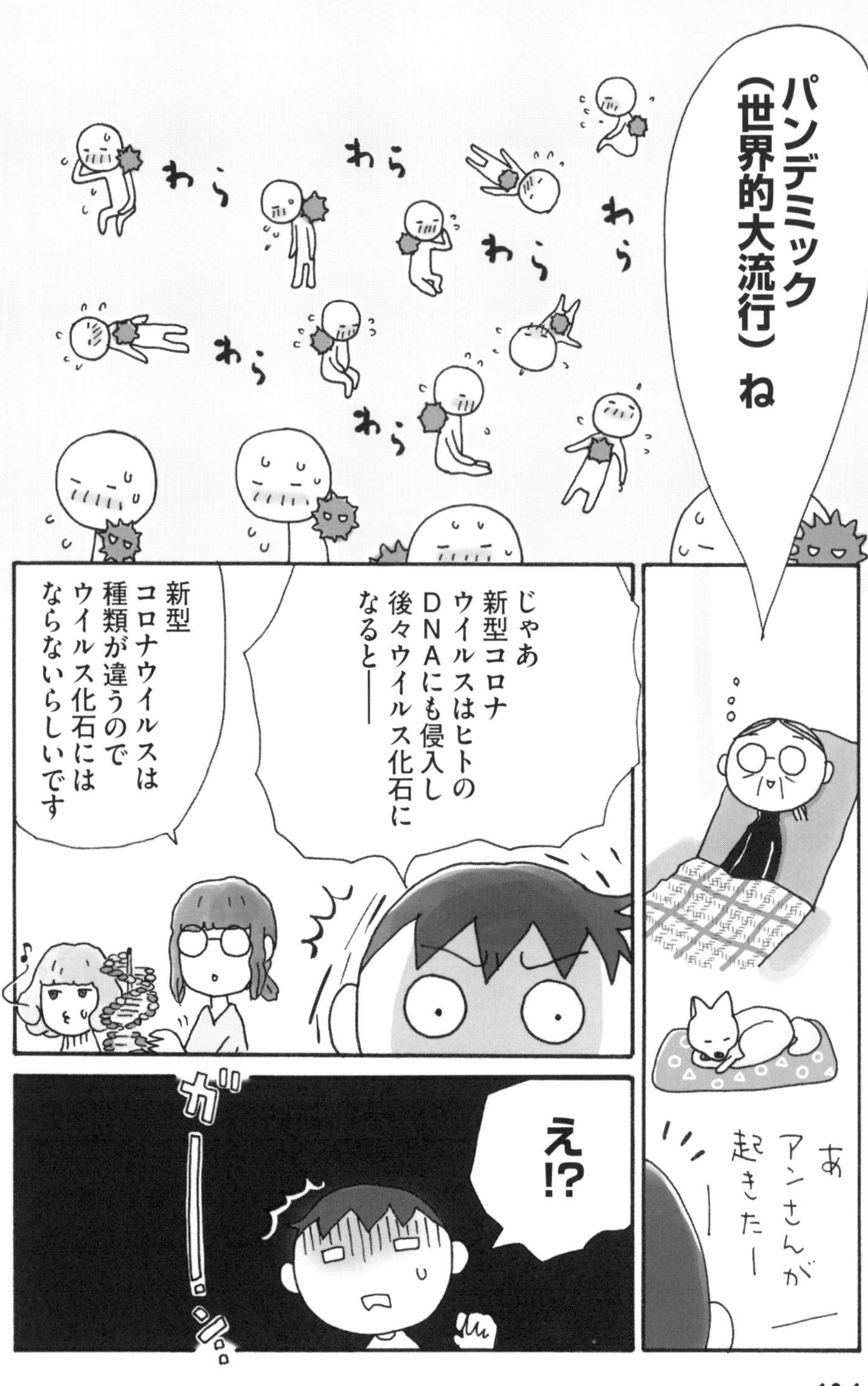
パンデミック（世界的大流行）ね
わら
わら
わら
わら
わら
わら
あ
アンさんが
起きたー
じゃあ
新型コロナ
ウイルスはヒトの
DNAにも侵入し
後々ウイルス化石に
なると――
新型
コロナウイルスは
種類が違うので
ウイルス化石には
ならないらしいです
え!?
ガー
ン

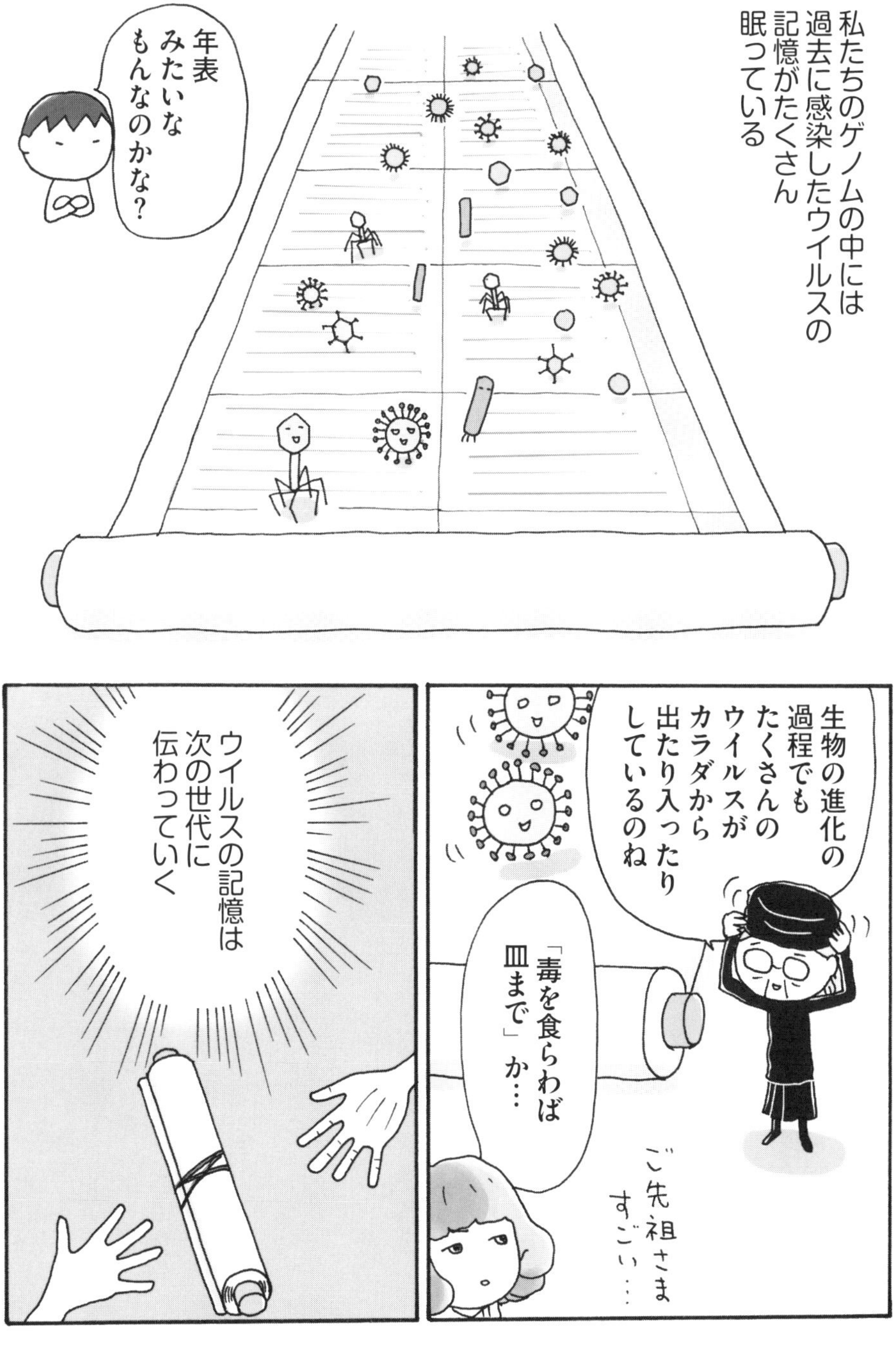
私たちのゲノムの中には過去に感染したウイルスの記憶がたくさん眠っている
年表みたいなもんなのかな?
生物の進化の過程でもたくさんのウイルスがカラダから出たり入ったりしているのね
「毒を食らわば皿まで」か…
ご先祖さますごい…
ウイルスの記憶は次の世代に伝わっていく

次世代に伝わる人類全体の記憶

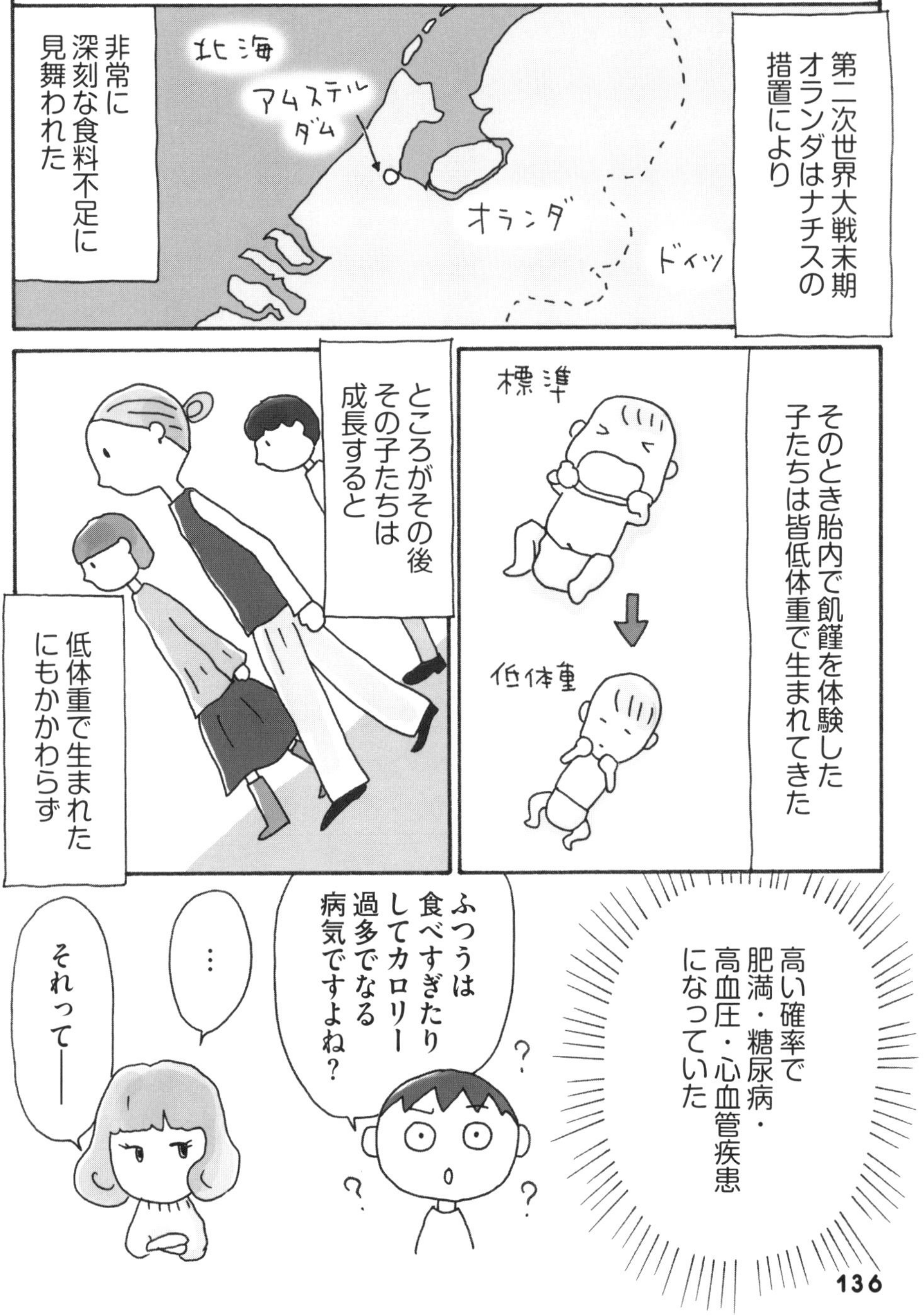
第二次世界大戦末期
オランダはナチスの
措置により
非常に
深刻な食料不足に
見舞われた
北海
アムステルダム
オランダ
ドイツ
そのとき胎内で飢饉を体験した
子たちは皆低体重で生まれてきた
標準
低体重
ところがその後
その子たちは
成長すると
低体重で生まれた
にもかかわらず
高い確率で
肥満・糖尿病・
高血圧・心血管疾患
になっていた
ふつうは
食べすぎたり
してカロリー
過多でなる
病気ですよね？
…
それって——

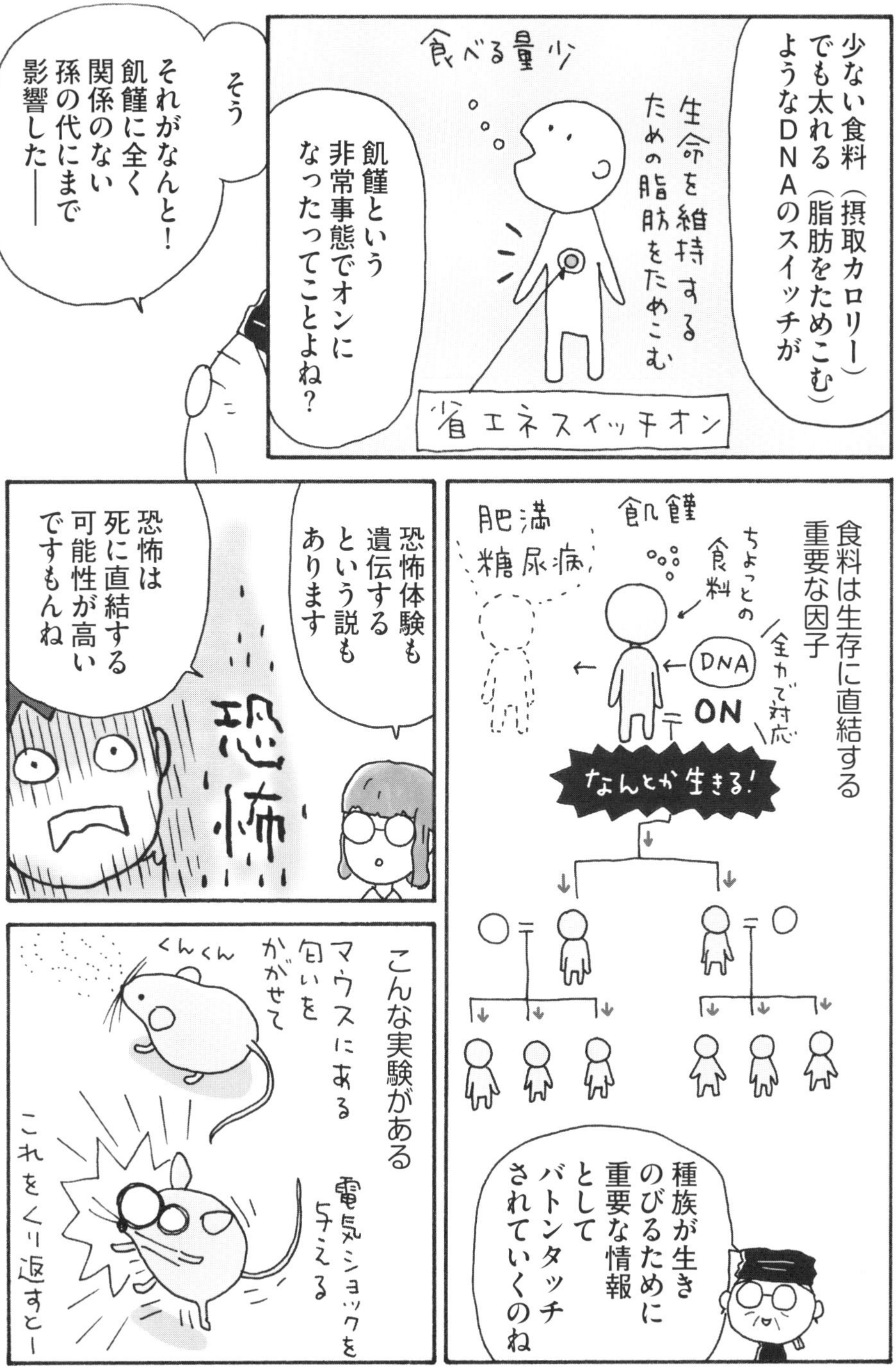

少ない食料（摂取カロリー）でも太れる（脂肪をためこむ）ようなDNAのスイッチが
食べる量少
生命を維持するための脂肪をためこむ
省エネスイッチオン
飢饉という非常事態でオンになったってことよね？
そう
それがなんと！飢饉に全く関係のない孫の代にまで影響した――
食料は生存に直結する重要な因子
飢饉
肥満
糖尿病
ちょっとの食料
DNA
全力で対応
ON
なんとか生きる！
種族が生きのびるために重要な情報としてバトンタッチされていくのね
恐怖体験も遺伝するという説もあります
恐怖
恐怖は死に直結する可能性が高いですもんね
こんな実験がある
マウスにある匂いをかがせて
くんくん
電気ショックを与える
これをくり返すと―

そのマウスのコドモたちは
その匂いをかいだだけで
恐がる!!
恐怖体験が遺伝したのか?
恐怖=危険情報を伝えることで子孫の命を守るのでしょう
恐怖… 私はこれまでの人生で命に関わるようなものを味わったことがあったっけ?
あっ
あれは小学4年生の頃帰宅途中ひとりで空き地を走ってた
そこは私の肩ぐらいまでの草がうっそうと生えていて――
突然顔に何かがひっかかる
!! クモの巣!?

とっさに自分の胸を見ると
よくも巣をこわしたな〜
当時の私は虫が大大大大大キライ！特にクモが!!
…
…
声にならない叫び声を上げ
泣くこともできず
どうやってクモを振り払ったのかも覚えていない
夢中で家まで走った

はぁっ
はぁっ
どうしたの？
トメちゃん
←母
くちびるが
まっさお!!
はぁっ
はぁっ
う…
!?
うわぁーん
何が
あったの!?
うわーん
うわーん
恐かったよー
今でも
ハッキリ覚えてる
着てた服も
走って帰った
情景も——
ホントに
恐かった
「女郎グモ」
だった

いなか暮らしにも慣れた今だったら――
あ！ クモ
はい 外に出て～
小さいものだったら触らずに外に出すくらいはできる
まあ 生死に関わらなかったから DNAのスイッチは変化してないな
実際私のコドモたちは虫ギライではない
ここで気をつけなくてはいけないのは「後天的なできごとは容易にコドモに伝わらない」というのが遺伝子の原則だということです
オランダの事例は有名ですが十分に解明されているわけではないしごく限られた現象という可能性もある
親のがんばりやナマケがコドモに伝わるといった極端な理解をすることは避けるべきです

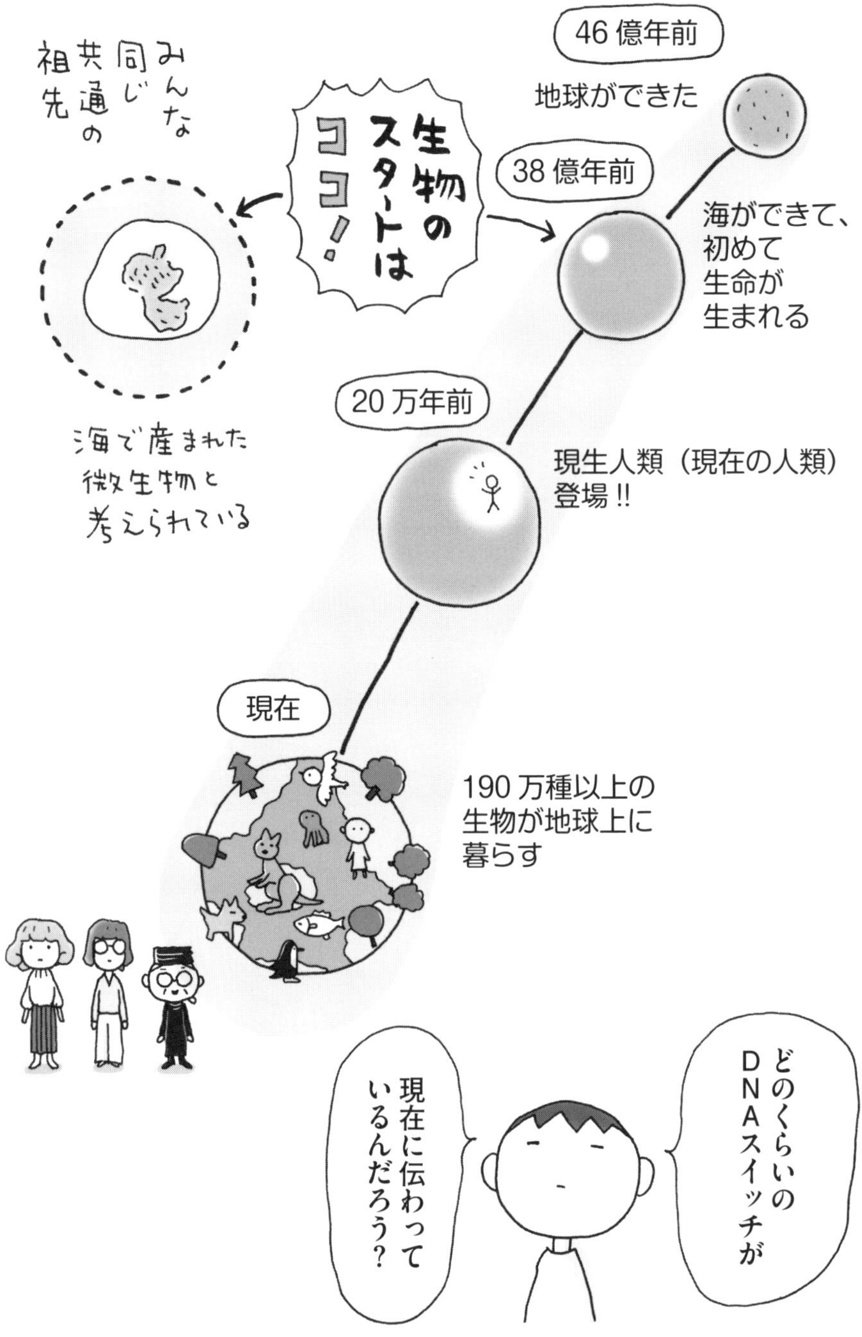
46億年前
地球ができた
38億年前
海ができて、
初めて
生命が
生まれる
生物のスタートはココ!
みんな同じ共通の祖先
海で産まれた微生物と考えられている
20万年前
現生人類（現在の人類）
登場!!
現在
190万種以上の
生物が地球上に
暮らす
どのくらいのDNAスイッチが
現在に伝わっているんだろう？

この世界は不思議よねぇ
宇宙のように計りしれない大きな現象と
すごく小さなDNAが次世代に伝えるような現象が
同時に起きている
今まさに自分たちが生きている一分一秒が
次世代に伝わるかもしれないのだ

生きているだけで誰かとつながっている

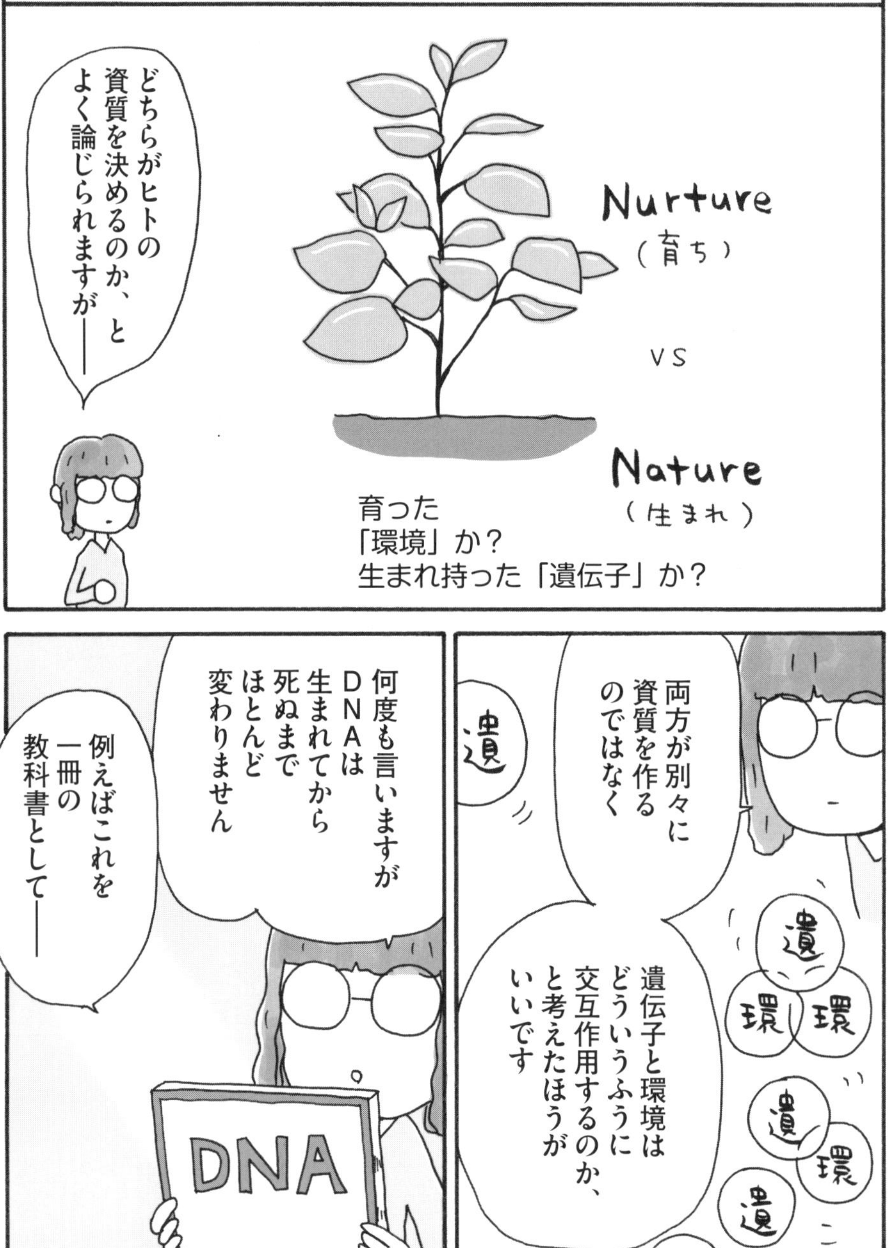
Nurture
（育ち）
vs
Nature
（生まれ）
育った
「環境」か？
生まれ持った「遺伝子」か？
どちらがヒトの資質を決めるのか、とよく論じられますが——
両方が別々に資質を作るのではなく
遺伝子と環境はどういうふうに交互作用するのか、と考えたほうがいいです
遺
遺
環
環
遺
環
遺
何度も言いますがDNAは生まれてから死ぬまでほとんど変わりません
例えばこれを一冊の教科書として——
DNA

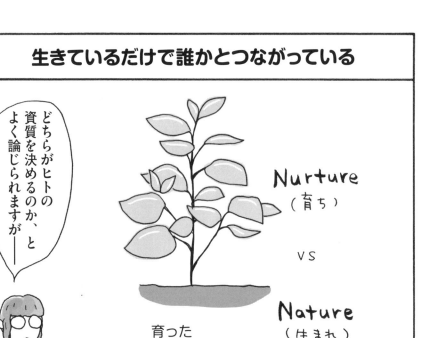

私とカイは
生まれたとき
親から同じ
教科書を
渡された

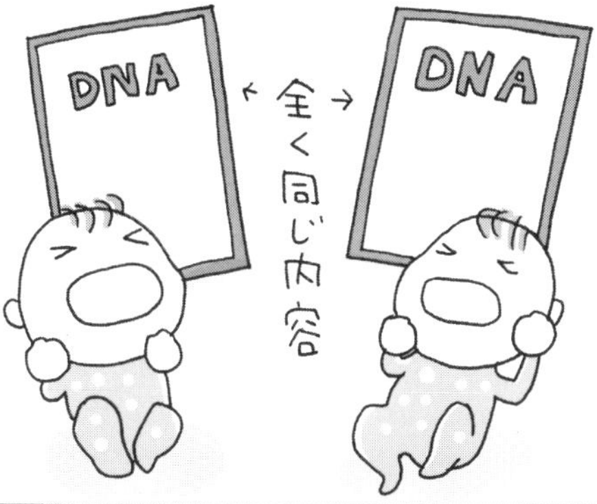
DNA
全く同じ内容
DNA

ここまで
Nature

Nurture ここから

成長していく過程で
置かれた環境と
受ける刺激によって
教科書を
カスタマイズしてきた

あっここは
重要だから
付せん貼っとこう
みんなに
読んで
欲しい
ここは
読まなくても
いいなー
修正テープを
貼っちゃお!
カイ
ルカ
ラインマーカーも!
修正テープを貼る
＝遺伝子のスイッチ
をオフにする
付せんを貼る・
ラインマークする
＝遺伝子のスイッチ
をオンにする

そして
それぞれの
教科書がいろんな
装飾をされる

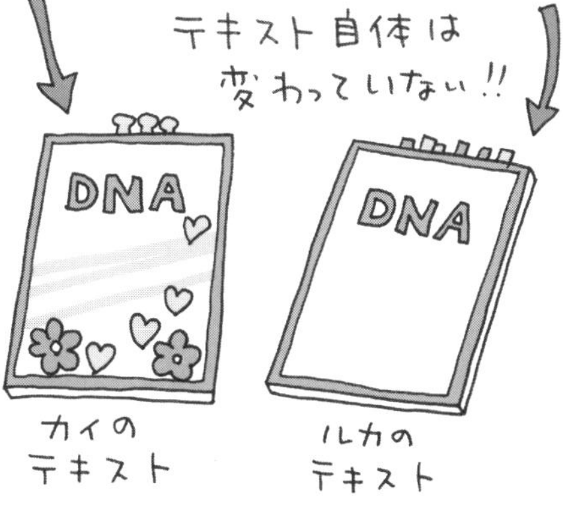
テキスト自体は
変わっていない!!
DNA
DNA
カイの
テキスト
ルカの
テキスト

2人の教科書は齢を重ねるごとに
さらに装飾が加えられ変わっていく
カイのテキストギラッギラ! 目がチカチカする
あっ この一節消したんだ!
ルカのは殺風景 付せんだけね
でも中の書きこみすごいし
DNA
DNA
やがてその教科書の装飾は消去
一度クリーニングされる
しかし一部が残って次世代へ——
こうやって書くと みんなそれぞれ大きく違うように思えるけど
ルカ、カイ、私、トメさんのDNAって0.1%も違わないのよね
え!? どういうことですか?

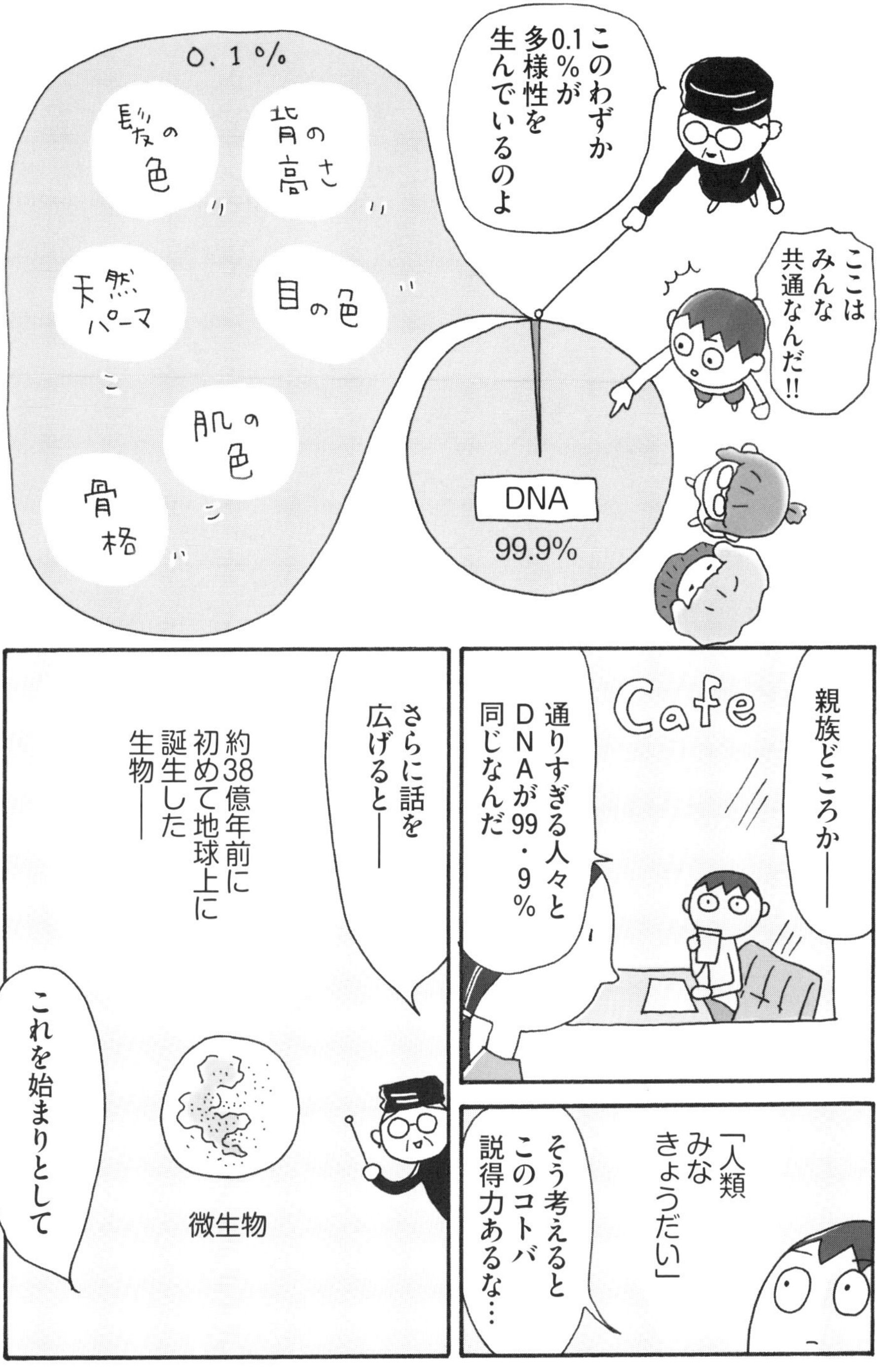
このわずか0.1%が多様性を生んでいるのよ
ここはみんな共通なんだ!!
0.1%
髪の色
背の高さ
天然パーマ
目の色
肌の色
骨格
DNA
99.9%
親族どころか――
通りすぎる人々とDNAが99・9%同じなんだ
Cafe
さらに話を広げると――
約38億年前に初めて地球上に誕生した生物――
微生物
これを始まりとして
「人類みなきょうだい」
そう考えるとこのコトバ説得力あるな…

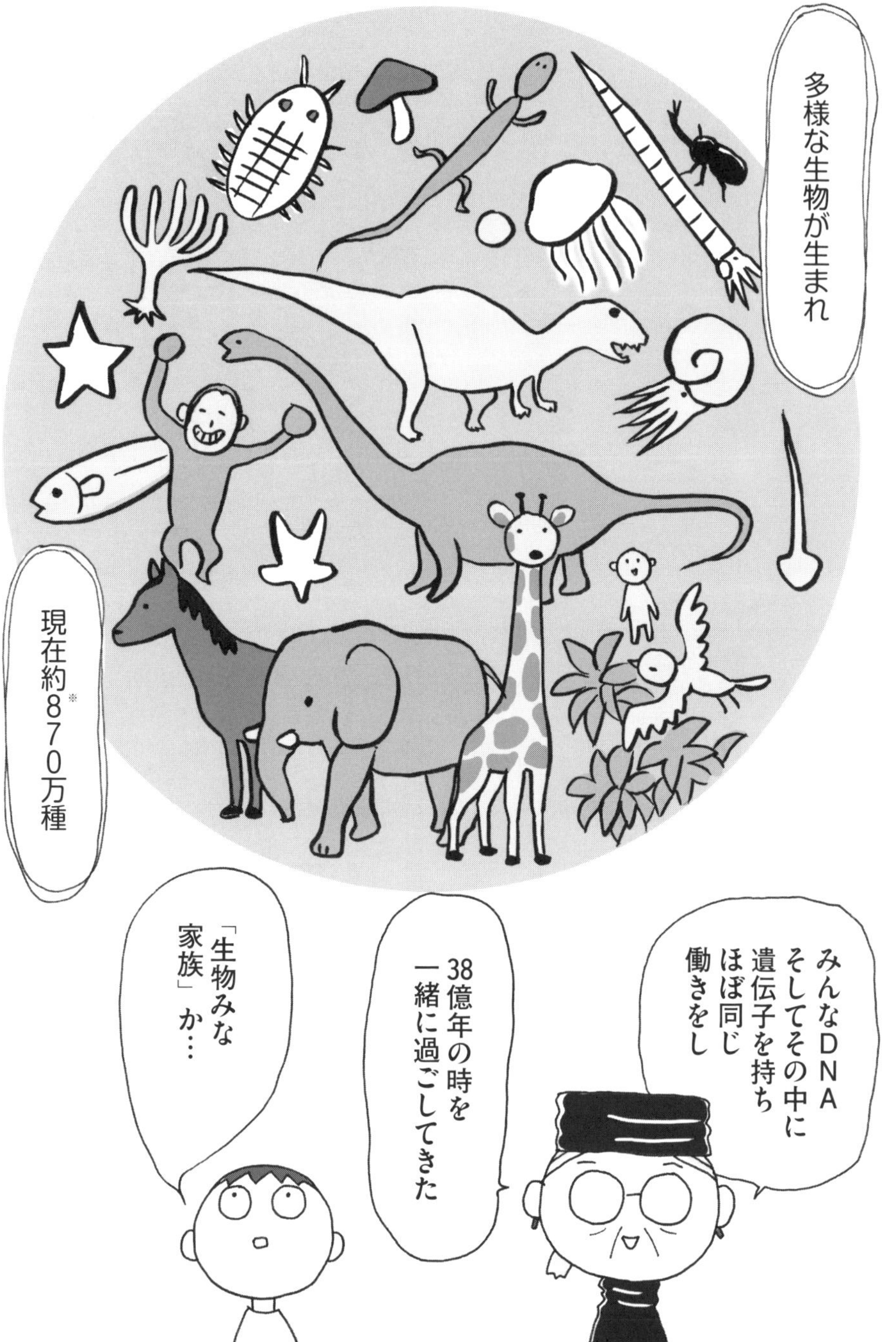
多様な生物が生まれ
現在約870万種※
みんなDNA そしてその中に遺伝子を持ち ほぼ同じ働きをし
38億年の時を一緒に過ごしてきた
「生物みな家族」か…

※出典：国連環境計画

そして生物は次の世代に遺伝子を伝えようとする
遺伝子を時をこえて運んでるんだ！
GENE
生物個体は遺伝子が自らのコピーを残すための乗り物である
リチャード・ドーキンス氏
でもヒトは特別よね
よりによって自分たちのゲノムを読み解き
他の生物のゲノムも読み解こうとしてるんだから
手を加えようともしている
それにしても
ヒトは不思議よねぇ…
あなたたち2人は違う環境にいたのに
同じようなことに興味を持ってたなんて
確かに…

ヒトのカラダって複雑でひとつの原因がひとつの結果を生むものではない
予想不可能なことはいくらでも起きるわ
どんなに予防をしてもやることをやっても
Exercise
Foods
Sleeping
病気になるときはなる
命を落とすことだって…
だから健康を害したときは自分のカラダを責めないでね
思いあたるふしあり
自分のカラダを100%知ってコントロールできるって思うほうが間違ってるんですね
寿命だって選べないし
そう何事もすべてを知ることなんてできない
でも私たちはすぐ答えを欲しがる
もやもや
ぐらぐら
宙ぶらりんが不安だから

世の中
答えがなくて
わからないこと
だらけ
不安だからと
安直に答えを
求めるのではなく
重要なのは
関心を持ち続けて
あーでもないこーでもないと
考え続けること
問いには
必ず答えが
あって
それを
時間内に
導かなくてはならない
私の場合
中学
までは
そういう
教育
だった
新しい
ウイルスなんて
まさにそう
ですよね
DNAに
関しても
わからないこと
たくさん
あります
そう
よねー
でもこれだけは
はっきり言えるの
私たちは
日頃
DNAや
遺伝子を
意識することは
ほぼないけど
日常生活で
食べること
消化すること
嬉しく
なったり
落ちこんだり
カラダとココロに
何か起きたとき——

必ず細胞の中で
何かの遺伝子が働いている
20代
自分のDNAと走る
自分のDNAと走る
DNAも遺伝子も
ただ次世代へ伝えるための
ものではなく

あなたの
人生を
一緒に走ってくれている
50代
自分のDNAと走る
あなたが
生きるために
一時も休まずに
支えてくれている
80代
私は
ゆっくり
歩くよ

そのＤＮＡの中には
約38億年分の
仲間の記憶が入っていて

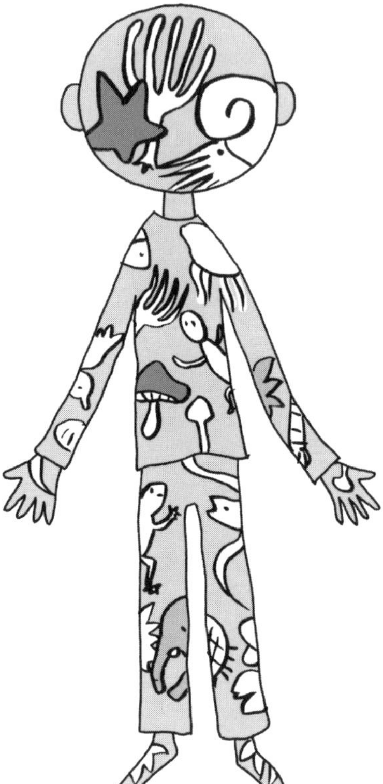

あなたは
ひとりでは
ないのよ

トメの家にて
のび〜
カラダって
パキッ
自分の
ものなのに
知らないこと
ばっかりだなぁ…
特筆すべきは
ランダムに
膨大な量を
作っておく
カラダの免疫体制
ドッサリ!!
ランダムに
この中から
使えるものを
さがす
不要なものは
捨てていく

これって2016年に
展覧会で見た
ピクサーの考え方を
思い出させる!!
描いて描いて描きまくる
出したアイディアに
執着しない
どんどん捨てられるように
それで
クオリティーの
高いものが
残るんだな
私も
こうありたいと
強く思ったんだ
なんだか
カラダの営みが
芸術的なものにも
見えてきた
B
Y
膨大な量といえば
DNAの情報量も
ハンパない
T A G C G C A T T A C G T A C G G C A

ON
OFF
いつ
どんな形でスイッチが
入って
どんな遺伝子が
発現するのか
あるいはしないのか
自分の中に
まだ知らない自分がいる
自分の中に
宝物が埋まっているかもしれない
そんな自分に
会いに
未来に向かって
歩いていく
自分（未来）
自分（今）
きっと
いい出会いだ!!
わかってない
ことも
多いから
ここは
自分に都合よく
考えよう

自分のカラダとはずーっと一緒にいるけど全てをコントロールすることはできない
カラカラ
生まれるのも病気になるのも死ぬことも自分で決めることはできないんだし
そう思うとカラダは一番身近な「自然」かもしれない
雨の日も風の日も晴れの日もある
嵐や地震だって来る
でもひとりじゃないみんな（細胞）に支えられて一緒に生きている
だから

こうして
生きているだけで
奇跡——

今の自分自身を
大事に
命を大切に

あとがき

遺伝子のことを色々ネットで検索していたら、一本の動画を見つけました。
「セントラルドグマ」理化学研究所　２０１２年制作。
https://www.youtube.com/watch?v=DB0gnar0Ndw
（この動画は出てくるものがとてもメカニカルだったり、背中がもぞもぞするような劇的な音楽もついていたりと演出されているので、とても見やすいです）
「セントラルドグマ」とは、遺伝情報は「ＤＮＡ→（転写）→ｍＲＮＡ→（翻訳）→タンパク質」の順に伝えられる、ということを意味します（本編のＰ97）。
「なんじゃこりゃ！」と思った。
「今、自分がこうして生きている世界よりも広い世界が、自分の中にある!!」
いつも一緒にいるカラダの存在を、とてつもなく遠く、深く感じた瞬間。
このシステムを、ヒトは一体いつどこでどうやって獲得したの!?
今、こうしている間にも、カラダの中でこのシステムが作動していると思うと、感謝するやら労うやら。今までの自分の言動を反省します。
くせっ毛だから雨の日はいやなんだよとか、思い通りに手足が動かないとか、文句ばっかり言ってごめん。

人生の一番の相棒であるカラダ。最期までうまいこと、一緒にやっていこう。

「遺伝子」は長年描きたいテーマでした。でも私にとっては理解するのがとても難しかったし、表現方法も迷いました。またコロナ禍も挟み、この本の制作はとてつもなく時間がかかりました。

それでも最後までお力を貸してくださった、太田邦史先生、瀬川深先生、古川洋一先生、本当にありがとうございました。研究の現場の情報は、制作を推し進めるエネルギーとなりました。

また毎回、ついうなってしまうデザインをしてくださる川名潤さん、辛抱強く私と一緒に走り続けてくださった幻冬舎の竹村優子さん、まことにありがとうございました。

そしてこの春亡くなった父へ。

自分の中にある「最後まで諦めない」「好奇心旺盛」は、父からもらった遺伝子が発現したものだと、この本を通して確信しています。人生最大のギフトをありがとう。感謝のキモチは、喪失感を埋めています。

最後になりましたが、ここまで読んでくださったみなさま、ありがとうございました。

お互いもっと自分のカラダ（ココロも）を好きになって、大切にしましょう。生きていることは奇跡です。

またどこかでお会いしましょう。それまでお元気で。

上大岡トメ

太田邦史（おおたくにひろ）

１９８５年東京大学理学部卒業。90年同大学理学系研究科生物化学専攻博士課程修了。理学博士。91年から２００６年まで、理化学研究所研究員。07年から東京大学大学院総合文化研究科教授。専門は分子生物学・遺伝学・構成生物学。基礎・応用の両面から、ゲノムＤＮＡの変化とクロマチンやエピゲノムの関係を研究。06年、Invitrogen-Nature Biotechnology賞（ベンチャー部門）、07年、文部科学大臣表彰・科学技術賞（研究部門）受賞。著書に『自己変革するＤＮＡ』『エピゲノムと生命』『「生命多元性原理」入門』などがある。

瀬川深（せがわしん）

１９７４年岩手県生まれ。東京医科歯科大学医学部卒業。２００７年同大学院博士課程修了。医学博士、小児科医、研究者、小説家。専門は臨床遺伝学・神経生物学。２００７年「ｍｉｔ Ｔｕｂａ」で第23回太宰治賞受賞。08年、同作品を改題した表題作を含む作品集『チューバはうたう』で作家デビュー。臨床遺伝学・分子生物学・神経生物学を基盤とした遺伝性疾患研究に携わりながら執筆活動を行っている。その他の小説作品に『ミサキラヂオ』『ゲノムの国の恋人』『我らが祖母は歌う』『ＳＯＹ！大いなる豆の物語』などがある。

古川洋一（ふるかわよういち）

１９８７年東京大学医学部医学科卒業。同年より5年間、東京大学医学部附属病院および関連病院で外科医として勤務。92年より癌研究会研究所生化学部（中村祐輔研究室）にて遺伝子の研究を開始。国際がん研究機関留学などを経て、２００４年東京大学医科学研究所ヒトゲノム解析センター特任教授、附属病院ゲノム診療部部長（併任）、07年より先端医療研究センター臨床ゲノム腫瘍学分野教授。著書に『変わる遺伝子医療　私のゲノムを知るとき』などがある。

主要参考文献

安藤寿康『遺伝子の不都合な真実　すべての能力は遺伝である』（ちくま新書　2012）

安藤寿康『「心は遺伝する」とどうして言えるのか　ふたご研究のロジックとその先へ』（創元社　2017）

市原真『どこからが病気なの？』（ちくまプリマー新書　2020）

NHKスペシャル「人体」取材班『シリーズ人体　遺伝子　健康長寿、容姿、才能まで秘密を解明！』（講談社　2019）

太田邦史『エピゲノムと生命　DNAだけでない「遺伝」のしくみ』（講談社ブルーバックス　2013）

清水茜『はたらく細胞』（講談社シリウスKC　2015〜）

瀬川深『ゲノムの国の恋人』（小学館　2013）

朝長啓造「〈講演4〉ウイルス化石が語る生命の進化」（京都大学人文科学研究所総務掛　2017）

仲野徹『エピジェネティクス　新しい生命像をえがく』（岩波新書　2014）

中村桂子『ゲノムが語る生命　新しい知の創出』（集英社新書　2004）

古川洋一『変わる遺伝子医療　私のゲノムを知るとき』（ポプラ新書　2014）